Anwendungen der mathematischen Statistik auf Probleme der Massenfabrikation

Von

Dr. R. Becker

Professor an der Technischen Hochschule
zu Berlin

Dr. H. Plaut und Dr. I. Runge

Mit 24 Abbildungen im Text

Berichtigter Manuldruck

Berlin

Verlag von Julius Springer

1930

ISBN 978-3-642-49457-4   ISBN 978-3-642-49739-1 (eBook)
DOI 10.1007/978-3-642-49739-1

Vorwort.

In der Technik beginnt man mehr und mehr, den statistischen Methoden seine Aufmerksamkeit zu widmen. Bereits haben leitende Persönlichkeiten in einzelnen Zweigen der Technik zu erkennen begonnen, daß ihr Fabrikationsgegenstand sich im mathematischen Sinne als „Kollektivgegenstand" behandeln läßt, und daß man folglich bei Schwankungen der Eigenschaften dieser Gegenstände die Kollektivmaßlehre anwenden kann. Den ersten Versuch in größerem Maßstabe hat Daeves auf dem Gebiet der Eisenindustrie gemacht, einen weiteren Czochralski auf dem Gebiet der Metallforschung, einen anderen Westman in Amerika in der keramischen Fabrikation. An den Universitäten, wo die Statistik schon lange in eigenen Instituten insbesondere in der Anwendung auf Bevölkerungslehre und Nationalökonomie gepflegt wird, verfolgt man diese Entwicklung mit Interesse und sucht nach Anknüpfungen mit den sich neu erschließenden Anwendungsgebieten.

Die Durchdringung mit wissenschaftlicher Statistik ist für die Technik von der größten Bedeutung. Sie stellt einen weiteren Schritt auf dem Wege zur völlig bewußten Beherrschung aller Bedingungen des Produktionsprozesses dar. Sie bedeutet insbesondere eine Schärfung des kritischen Urteils aller am Fabrikationsprozeß Beteiligten, vor allem derjenigen, die mit dem Einzelgegenstand nicht mehr in Berührung kommen, also der leitenden Persönlichkeiten.

Das vorliegende Buch soll nun ein Musterbeispiel für die Durchdringung einer typischen Massenfabrikation — gewählt ist die Glühlampenherstellung — mit den Methoden der Kollektivmaßlehre sein. Die Verfasser hielten es für wichtig, ein solches völlig durchgearbeitetes Beispiel der Öffentlichkeit zu übergeben, da sie bemerkt haben, daß es nicht nur praktische Schwierigkeiten sind, die bisher häufig dem weiteren Eindringen der Statistik in die Technik Hindernisse bereitet haben, sondern vor allem der

Mangel an Vertrauen in die Zuverlässigkeit der statistischen Methoden. Diese Bedenken können schwerlich durch theoretische Erwägungen, sondern sicher am besten durch den Hinweis auf den praktischen Erfolg zerstreut werden. Es wird daher in der vorliegenden Arbeit durchweg vom Beispiel ausgegangen, und die allgemeinen Gesetze werden erst zum Schluß zusammengestellt. Der Nichtmathematiker wird ja ohnehin seine Studien am besten mit dem Beispiel beginnen, und erst dann, wenn er dieses verstanden hat, die Verallgemeinerung vornehmen.

Die Verfasser hoffen also, mit ihrem Buch eine Grundlage geschaffen zu haben, die den Ingenieur instandsetzt, die Methoden der Kollektivmaßlehre auf sein spezielles Fabrikationsgebiet, möge es auch ganz anderer Art sein, als das, welches in diesem Buch als Beispiel gewählt ist, anzuwenden.

Berlin, Oktober 1927.

Die Verfasser.

Inhaltsverzeichnis.

A. Einleitung.

Es liegt im Wesen des Fabrikbetriebes, daß seine Erzeugnisse in großer Menge und möglichst gleichartig hergestellt werden. Auch das bei jeder Fabrikation notwendige Kontrollieren des Produktes gestaltet sich damit zu einer vielfach wiederholten Massenaufgabe, möge es nun im Messen oder Wägen, in chemischer Analyse oder Beobachtung der Leistung bestehen. Die Ergebnisse aller dieser Prüfungen bilden, sofern sie gesammelt werden, mit der Zeit ein fast unermeßliches Material, dessen weitere Ausnutzung oft schon allein seines Umfangs wegen gar nicht so einfach ist, jedenfalls Übersicht und geeignete Methoden erfordert. In vielen Fällen liegt es auch nahe, die Kontrolle der Beschaffenheit der gesamten Produktion auf die Untersuchung von Stichproben zu beschränken, da man hoffen kann, daß diese, wenn sie richtig geleitet wird, für die zutreffende Beurteilung des Ganzen ausreichen dürfte, und da die Prüfung der gesamten Fabrikation zeitraubend und entsprechend kostspielig sein würde. Bei manchen Industrien ist man ohnehin zu einer Beschränkung auf Stichproben genötigt, wenn nämlich die Prüfung mit der Unbrauchbarmachung des betreffenden geprüften Gegenstandes verknüpft ist, man denke z. B. an die Feststellung der Lichtempfindlichkeit einer photographischen Platte oder der Lebensdauer einer Glühlampe. Unter solchen Umständen bleibt gar nichts anderes übrig, als aus dem Verhalten der untersuchten Proben auf die Beschaffenheit des übrigen ungeprüften Fabrikates zu schließen.

Nun liegt es auf der Hand, daß die Berechtigung dieses letzteren Verfahrens in hohem Maße von den besonderen Bedingungen des Falles abhängt. Wenn ein Betriebschemiker aus dem großen Bottich einer Farblösung seine Proben zur Analyse entnimmt, so wird wohl niemand daran zweifeln, daß er bei richtiger Durchmischung danach den Gehalt des Ganzen zutreffend beurteilen kann. Schon anders liegt die Sache, wenn

z. B. aus einer Lieferung von 100 Verstärkerröhren laut Abmachung 6 herausgegriffene Exemplare geprüft werden sollen. Hier wird man durchaus im Zweifel sein können, ob die Prüfung einen hinreichend sicheren Schluß auf das nicht Geprüfte erlaubt, obwohl der Prozentsatz des geprüften Materials hier vielleicht erheblich höher ist als im Falle der Farblösung. Eine nähere Überlegung läßt das Wesen dieses Unterschiedes leicht erkennen. Bei der Farblösung wäre es außerordentlich unwahrscheinlich, daß sich die Farbstoffmoleküle in der herausgeschöpften Probe zufällig zu einer merklich anderen Konzentration zusammengedrängt haben sollten als in der übrigen Flüssigkeit, wogegen es schließlich ganz leicht eintreffen könnte, daß sich vielleicht von 3 im ganzen vorkommenden fehlerhaften Exemplaren durch Zufall 2 unter den 6 herausgegriffenen befinden. Der Unterschied liegt in dem sehr großen Zahlenwert für die Anzahl der Moleküle, die in dem ersten Beispiel die Wahrscheinlichkeit bestimmen; sie sind etwa von der Größenordnung 10^{20}, Zahlen, gegen die die des zweiten Beispiels, nämlich 6 und 100, beide noch verschwindend klein sind.

Soviel steht jedenfalls fest, daß es Wahrscheinlichkeitsfragen sind, auf Grund deren zu entscheiden ist, ob ein gegebenes Verfahren in einem speziellen Fall eine ausreichende Beurteilung erlaubt. Die Gesetze der Wahrscheinlichkeit sind überall da anwendbar, wo es sich um große Mengen gleichartiger Gegenstände oder um sehr vielfache Wiederholungen gleichartiger Ereignisse handelt: In solchen Fällen erlauben sie Aussagen über die im Durchschnitt zu erwartenden Ergebnisse zu machen, obwohl die Ursachen, die den Ausfall der einzelnen Beobachtung bestimmen, vollkommen unbekannt bleiben. Gerade solche Aussagen sind es aber, die man bei der Produktionskontrolle wünscht, denn hier kommt es nicht auf das einzelne Exemplar und seine Beschaffenheit an, die ja gegenüber dem Ganzen eine verschwindende Rolle spielt, sondern auf die Beurteilung und Kennzeichnung einer Gesamtheit von vielen Exemplaren oder in der Sprache der Statistik eines Kollektivgegenstandes.

Es ist daher für jeden Techniker, der sich mit Aufgaben der Fabrikationskontrolle beschäftigt, von Bedeutung, die Gesetze der Statistik zu kennen und sie zweckentprechend auf seine Probleme anwenden zu können. Man braucht nicht zu fürchten, daß Aussagen, die sich nur auf Wahrscheinlichkeit gründen, zu unsicher wären, um wichtige Entscheidungen daran zu knüpfen. Laplace, einer der Begründer der Wahrscheinlichkeitstheorie, macht die Bemerkung, daß fast unser gesamtes Wissen sich im letzten Grunde auf Wahrscheinlichkeit aufbaut. Es fragt sich nur, wie groß in einem gegebenen Falle die Wahrscheinlichkeit ist, und ob demnach die zu ziehenden Schlüsse eine genügende Sicherheit enthalten. Gerade darauf gibt aber die Wahrscheinlichkeitslehre Antwort. Denn freilich wird man sich ebensosehr vor dem Fehler hüten müssen, zu glauben, daß die Tatsache, daß ein Ergebnis auf Grund mathematisch abgeleiteter Regeln gewonnen ist, diesem Ergebnis schon die Sicherheit mathematischer Wahrheiten verleihen könnte. Das wäre ebenso falsch, wie wenn man aus der Vorzüglichkeit einer Werkzeugmaschine auf die Güte des mit ihrer Hilfe bearbeiteten Werkstoffes schließen wollte. Aber die statistische Behandlung bearbeitet nicht nur das Material, sondern sie vermag auch zu entscheiden, ob das Material für eine lohnende Bearbeitung tauglich ist. Sollen z. B. zwei auf verschiedene Art hergestellte Posten von Glühlampen verglichen werden, und hat man festgestellt, daß die mittlere Lebensdauer des ersten Postens die des zweiten Postens übertrifft, so kann der Schluß, daß der erste besser ist als der zweite, trotzdem unberechtigt sein, weil es möglich ist, daß der festgestellte Unterschied noch innerhalb der Grenzen der für einen solchen Posten zufällig zu erwartenden Schwankungen liegt. Ob das der Fall ist, darüber gibt eine weitergehende mathematische Betrachtung Aufschluß; sie lehrt zugleich, um wieviel das untersuchte Material vermehrt werden muß, um die Frage wirklich zu entscheiden, eine Feststellung, die fast ebenso wichtig ist wie die Entscheidung der Frage selbst. Eine solche erweiterte Betrachtung ist ganz unentbehrlich, wenn die Ergebnisse irgendwie verwertet werden sollen. Erst mit ihrer Hilfe gewinnen die Berechnungen Bedeutung, dann aber sind sie auch geeignet, eine ganze Reihe praktisch wichtiger Fragen zu beantworten.

In der vorliegenden Arbeit soll die Anwendung der statistischen Gesetze auf eine Anzahl solcher praktischer Fragen gezeigt werden. Die hier bearbeiteten Fragestellungen und Lösungsmethoden sind speziell in der Glühlampenfabrikation entstanden und weiter entwickelt worden. Aus Gründen der Anschaulichkeit wird daher meist am Beispiel der Glühlampe festgehalten. Das Buch wendet sich aber über den Kreis der Glühlampenerzeuger hinaus an jeden Techniker, der für die mathematisch-statistische Auswertung der Fabrikationskontrolle Interesse hat. In dem vorangestellten praktischen Teil lernt er die Art der Fragen kennen, auf die die Statistik eine Antwort geben kann, und die graphischen und rechnerischen Verfahren, mit denen die Lösung durchzuführen ist. Die zugrundeliegenden statistischen Gesetze werden dabei meist ohne Beweis mitgeteilt, so daß mathematische Schwierigkeiten in diesem Abschnitt nicht auftreten. Daß dabei als Beispiel im wesentlichen von Glühlampen die Rede ist, wird den Fachmann aus einem anderen Gebiet nicht stören. Die spezielle Form der Fragestellung sowie die technische Anordnung der Rechnung kann ja doch nur im engen Anschluß an die Betriebspraxis aufgestellt werden, sie muß daher den einzelnen Fachleuten selbst überlassen bleiben. Die von den Verfassern herangezogenen Beispiele aus anderen Gebieten sind somit nur als Anregungen und Vorschläge aufzufassen, während die Beispiele aus der Glühlampenindustrie ein ausgeführtes Bild von der Leistungsfähigkeit der statistischen Methoden geben, wie sie sich in der Praxis bewährt haben[1].

Dem praktischen Teil folgt ein theoretischer, in dem die mathematische Ableitung der im ersten Teil benutzten Gesetze im Zusammenhang gegeben wird. Dieser Teil ist naturgemäß ganz allgemein gehalten und kann also ohne weiteres als Grundlage für andere Spezialisierungen dienen.

Die im ersten Teil behandelten Probleme sind dreierlei Art. Zunächst handelt es sich darum, die laufende Fabrikation zu kontrollieren. Hier ergibt sich die Frage, wie das Verhalten einer größeren Menge durch Untersuchung einer Probe beurteilt werden kann. Zweitens müssen bei jeder Fabrikation fortlaufend Verbesserungen ausprobiert und deren Vorteile und Nachteile gegen die des bisherigen Verfahrens abgewogen werden. Hier

---

[1] Daß dieselben Methoden auch in ganz anderen Gebieten der Technik Anwendung finden, ersieht man z. B. aus E. A. Westman, Statistical Methods in Keramic Research, Journal of the American Keramic Society 10, Nr. 3, 133. 1927.

treten als statistische Probleme auf der Vergleich zweier Mengen auf Grund zweier Proben und die Feststellung von Zusammenhängen zwischen zwei Eigenschaften. Endlich wird noch die Frage der Garantiebedingungen behandelt, also gezeigt, wie aus den statistischen Eigenschaften des Fabrikates das mit bestimmten Garantiebedingungen verknüpfte Risiko berechnet werden kann, um so die Tragweite der Bedingungen beurteilen zu können.

Auf alle diese Fragen lassen sich auf Grund der Wahrscheinlichkeitsgesetze mehr oder weniger bestimmte Antworten geben, aus denen Anweisungen für die in einzelnen Fällen einzuschlagenden Verfahren hervorgehen. Natürlich erhebt aber die obige Einteilung nicht den Anspruch auf Vollständigkeit. Es lassen sich gewiß noch viele weitere Fragen denken, deren Lösung in ähnlicher Weise möglich wäre, doch glauben die Verfasser, daß die dargestellten Probleme genügen, um dem Leser auch zur Beantwortung anderer Fragen Anregungen zu geben und Wege zu weisen.

B. Praktischer Teil.

I. Beurteilung einer Menge auf Grund einer Probe.

1. Mittelwert und Streuung.

Wenn eine größere Anzahl gleichartiger Fabrikate in bezug auf irgendeine Eigenschaft, z. B. Größe, Festigkeit, Gehalt an irgendeinem Bestandteil oder ähnliches geprüft worden ist, so erhebt sich die Frage, wie diese große Menge von einzelnen Zahlangaben in einfacher Weise zu kennzeichnen ist. Dies geschieht, wie bekannt, am besten durch ihren Mittelwert. Seien $L_1 \ldots L_n$ die betreffenden Zahlangaben, deren Zahl n beträgt, so erhält man das Mittel, indem man die Summe der n Zahlen bildet und durch n dividiert.

$$M = \frac{L_1 + L_2 + \cdots + L_n}{n}. \tag{1}$$

Zur Abkürzung werden wir das Ergebnis dieser Rechenoperation wie üblich durch einen horizontalen Strich über der betreffenden Größe andeuten, also

$$M = \overline{L_i}.$$

Sobald nun die Größe von n gewisse Grenzen überschreitet, z. B· mehrere 100, so ist diese Berechnung mühselig und wird sich in sehr vielen Fällen nicht lohnen. Man kann sich dann in verschiedener Weise helfen, worauf weiter unten noch eingegangen wird. Ein Ausweg ist nun der der Stichprobe, der, wie schon oben erwähnt, ohnehin überall da geboten ist, wo die Prüfung des Fabrikats dessen Vernichtung bedeutet, so daß sie gar nicht an allen Exemplaren ausgeführt werden kann.

Um z. B. den Mittelwert der Lebensdauer von Glühlampen zu bestimmen, ist man genötigt, sich auf die Prüfung einer herausgegriffenen kleineren Menge zu beschränken, und von dieser den Mittelwert zu berechnen, was mit leichter Mühe möglich ist. Freilich braucht nun der Mittelwert der Gesamtmenge nicht genau mit dem der Probe übereinzustimmen. Aber die Probe gibt uns selbst einen Anhalt an die Hand, woran wir den Grad dieser Übereinstimmung beurteilen können, nämlich die Streuung. Das sagt schon ohne jede Rechnung die unmittelbare Anschauung, daß, je enger die sämtlichen Lebensdauern zusammenliegen, desto geringer auch der Unterschied zwischen dem Gesamtmittelwert und dem der herausgegriffenen Menge sein muß. Daher entsteht zunächst die Aufgabe, aus den geprüften Lampen die Streuung zu bestimmen. Wie ist nun die Streuung zahlenmäßig zu kennzeichnen? Man könnte sich dadurch helfen, was auch gelegentlich geschieht, daß man z. B. die Durchbrennzeiten der einzelnen Lampen auf einer Zeitachse durch Punkte markiert, und die Aussage über die Streuung ersetzt durch das Vorzeigen einer solchen anschaulichen Darstellung. Aber der praktische Wert dieses Verfahrens ist beschränkt, weil der Eindruck eines solchen Bildes sehr subjektiv ist und ein Vergleich mehrerer derartiger Darstellungen nur bei ganz drastischen Unterschieden ein einwandfreies Urteil erlaubt.

Es gibt verschiedene Versuche, die Streuung zahlenmäßig auszudrücken, denen freilich allen eine gewisse Willkür anhaftet: So wird zuweilen das Intervall zwischen dem kleinsten und größten Wert angegeben (Streubereich) oder die Größe des Intervalls zu beiden Seiten des Mittelwertes, innerhalb dessen die Hälfte aller Werte liegt. Wichtiger ist das sogenannte lineare Streuungsmaß: Es wird für jeden Wert die Abweichung vom Mittelwert gebildet, ohne Rücksicht auf das Vorzeichen, und von diesen Zahlen das Mittel genommen. Formelmäßig lautet also die Definition

$$s_l = \frac{|L_1 - M| + |L_2 - M| + \cdots + |L_n - M|}{n} = \overline{|L_i - M|} \qquad (2)$$

wo die senkrechten Striche bedeuten, daß von der dazwischen stehenden Größe der absolute Betrag zu nehmen ist. Vielfach wird auch die auf diese Weise gewonnene Größe in Prozent des Mittelwertes ausgedrückt. Für dieses Streuungsmaß gibt es eine einfache graphische Ermittlungsart, die hier kurz beschrieben sei.

Man stellt die Lebensdauern der einzelnen Lampen nach
der Größe geordnet durch aufeinanderliegende gleich breite horizontale Flächenstreifen dar, deren Enden links alle genau über-
einanderliegen, während die Enden rechts eine absteigende
Treppenkurve bilden (siehe Abb. 1). An der Stelle, die der
mittleren Lebensdauer entspricht, wird eine senkrechte Linie
errichtet. Im oberen Teil der Abbildung bleibt die Treppenkurve links von dieser Geraden, im unteren Teil liegt sie rechts
von ihr. Die Größe der beiden schraffierten Flächenstücke
zwischen Treppenkurve und Mittellinie dividiert durch die ganze
Fläche links von der Mittellinie gibt die lineare Streuung in
Bruchteilen der mitt-
leren Lebensdauer.

Konstruiert man die
beschriebene Trep-
penkurve auf loga-
rithmischem Papier,
also so, daß die Länge
der Streifen nicht die
Lebensdauer selbst,
sondern deren Loga-
rithmus darstellt, und
bestimmt das ent-

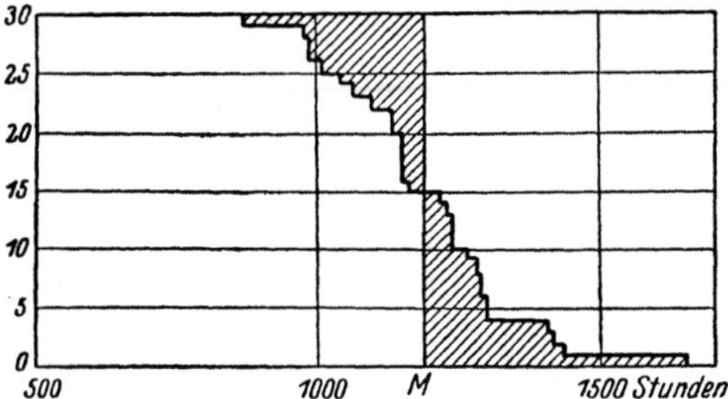

Abb. 1. Graphische Ermittlung der linearen Streuung.

sprechende Flächenverhältnis, so erhält man den Logarithmus
des für die Glühlampenpraxis von W. Geiß vorgeschlagenen
logarithmischen Streuungsmaßes U („Uniformity factor"), dessen
Definition lautet

$$\lg U = - \frac{|\lg L_1 - \lg M| + |\lg L_2 - \lg M| + \cdots + |\lg L_n - \lg M|}{n} \tag{3}$$
$$= - \overline{|\lg L_i - \lg M|}.$$

Die Größe U wird für vollkommene Gleichförmigkeit
($L_1 = L_2 = \cdots = L_n$) gleich 1, in allen anderen Fällen kleiner
als 1. Kurze Lebensdauern heben sich von selbst besonders
hervor. Rechnerisch durchgeführtes Beispiel siehe Tab. 1, S. 10.

Endlich ist noch das quadratische Streuungsmaß zu nennen,
das mit s bezeichnet sei; es entsteht, wenn man die Abweichungen
der einzelnen Lebensdauern vom Mittelwert quadriert, aus diesen

Quadraten das Mittel bildet und daraus die Wurzel zieht, also

$$s^2 = \frac{(L_1 - M)^2 + (L_2 - M)^2 + \cdots + (L_n - M)^2}{n} = \overline{(L_i - M)^2}. \qquad (4)$$

Wenn es sich nur darum handelt, die mehr oder weniger zusammengedrängte Lage der Durchbrennzeiten auf der Zeitachse irgendwie zahlenmäßig zu charakterisieren, so könnte man all diesen Streuungsmaßen ungefähr die gleiche Berechtigung zuerkennen. Soll aber mit Hilfe des Streuung auf die Übereinstimmung des Mittels der Probe mit dem wahren Mittel oder auf sonstige weiterhin zu besprechende Zusammenhänge geschlossen werden, so verdient das quadratische Streuungsmaß unbedingt den Vorzug, obwohl es weniger bequem zu berechnen ist als z. B. das lineare. Der Grund dafür ist der Umstand, daß das quadratische Streuungsmaß mit den tieferliegenden Gesetzen der Zufallsverteilung in einfachem Zusammenhang steht, während das bei den anderen Streuungsmaßen nur insoweit der Fall ist, als sie zu s in einer bestimmten Beziehung stehen.

Aus diesem Grunde empfiehlt es sich auch, sich mit dem quadratischen Streuungsmaß etwas näher zu beschäftigen. Führt man die Quadrate in der Formel (4) aus, so erhält man

$$s^2 = \frac{1}{n}\{L_1{}^2 + L_2{}^2 + \cdots + L_n{}^2 - 2M(L_1 + L_2 + \cdots + L_n) + nM^2\}$$

$$= \frac{1}{n}(L_1{}^2 + L_2{}^2 + \cdots + L_n{}^2 - 2M \cdot nM + nM^2) \qquad (5)$$

$$= \frac{1}{n}(L_1{}^2 + \cdots + L_n{}^2 - nM^2) = \overline{L_i{}^2} - M^2 = \overline{L_i{}^2} - \overline{L_i}{}^2$$

Statt also die Quadrate der Abweichungen der einzelnen Lebensdauern vom Mittel zu bilden, kann man die Quadrate der einzelnen Lebensdauern selbst bilden und von dem Mittelwert dieser Quadrate das Quadrat der mittleren Lebensdauer abziehen. Für die Zwecke des praktischen Rechnens empfiehlt sich dieser Weg freilich nicht immer, weil hier die großen Zahlen L_i ins Quadrat erhoben werden an Stelle der kleineren Größen $L_i - M$. Hierfür ist vielmehr häufig ein dritter Weg am bequemsten: Man bildet die Abweichungen der Lebensdauern von einer passend gewählten Zahl P, erhebt sie ins Quadrat und berechnet das Mittel, hiervon subtrahiert man das Quadrat der

Differenz $M - P$, denn es zeigt sich in ganz analoger Weise wie oben, daß

$$\overline{(L_i - P)^2} - (M - P)^2 = \overline{L_i^2} - M^2 = s^2. \qquad (6)$$

Die beiden Formeln (4) und (5) sind Spezialfälle hiervon für $P = M$ und $P = 0$. Um für die Rechnung möglichst bequeme Verhältnisse zu haben, wählt man P als runde Zahl in der Nähe von M, damit die Differenzen $L_i - P$ leicht hinzuschreiben sind und nicht zu große Beträge haben.

Die praktische Durchführung der Berechnung von s^2 gestaltet sich demnach wie folgt (vgl. Tab. 1):

Tabelle 1. Beispiel zur Berechnung von s und U.

L	$\lvert L - P\rvert$	$(L - P)^2$	$\lg L$	$\lvert \lg L - \lg M \rvert$
1 157	943	889 249	3.0633	0.2703
1 952	148	21 904	2905	0431
2 093	7	49	3208	0128
2 159	59	3 481	3342	0006
2 184	84	7 056	3393	0057
2 210	110	12 100	3446	0110
2 268	168	28 224	3556	0220
2 355	255	65 025	3720	0384
2 481	381	145 161	3946	0610
2 703	603	363 609	4317	0981

Summe 21 562   1 535 858   0.5630 : 10

$M = 2156$ $: 10 =$ 153 586 $\lg M = 3.3336$ $= 0.0563 = -\lg U$

$P = 2100$ $-(M-P)^2 =$ 3 136 $\lg U = 0.9437 - 1$

$M - P = 56$ $s^2 =$ 150 450 $U = 0.878$

     $s =$ 388

Die L_i werden in eine Kolonne untereinander geschrieben, addiert und die Summe durch n dividiert. Gewonnen M. Man wählt P als runde Zahl in der Nähe von M, schreibt es auf einen Papierstreifen, den man der Reihe nach über die einzelnen L_i-Werte hält, indem man die Abweichungen bildet und in eine Kolonne rechts daneben schreibt, auch $M - P$ wird mit hingeschrieben. Dabei ist es gleichgültig, ob P oder der L_i-Wert größer ist, da die Vorzeichen durch das Quadrieren doch wegfallen. Nun sucht man die Quadrate in einer Tabelle auf und schreibt sie in eine dritte Kolonne, addiert und teilt durch n. Schließlich subtrahiert man von dem Ergebnis $(M-P)^2$. Die beiden letzten Kolonnen der Tab. 1 zeigen daneben die Berechnung des Geißschen Gleichförmigkeitsfaktors U.

Wird das quadratische Streuungsmaß zur Kennzeichnung der Streuung verwendet, so läßt sich sogleich eine Antwort auf die Frage geben, in welchem Maße die Sicherheit der Mittelwertsbestimmung mit der Zahl der geprüften Lampen zunimmt. Wenn man nämlich nur bei einer einzigen Lampe die Lebensdauer festgestellt hätte, und auf Grund des Ergebnisses eine Aussage über die mittlere Lebensdauer des ganzen Haufens machen wollte, so würde die Unsicherheit dieser Aussage offenbar um so größer sein, je größer die Streuung des ganzen Haufens ist. Nimmt man die Prüfung dagegen an einer Serie von n Lampen vor, so ist die Unsicherheit jetzt bedingt durch die Streuung der Mittelwerte aller möglichen Serien von n Lampen, die sich aus dem ganzen Haufen herausgreifen lassen. Für den Fall, daß die Zahl n klein ist gegen die Gesamtzahl des Haufens ergibt nun die mathematische Berechnung das folgende Gesetz:

Die Streuung der Serienmittel von Serien zu n Gliedern ist im Verhältnis $1:\sqrt{n}$ kleiner als die Streuung der einzelnen Glieder des ganzen Haufens.

Will man also die Streuung bei einem Versuch auf die Hälfte reduzieren, so hat man Serien mit der vierfachen Lampenzahl zu bilden. Zur Reduktion der Streuung auf $^1/_3$, $^1/_4$, $^1/_5$ usw. sind Serien mit der 9-, 16-, 25fachen Zahl erforderlich.

Eine Folgerung aus diesem Gesetz ergibt die Beziehung zwischen der Streuung s_e, die aus einer einzelnen Serie von n Lampen berechnet wird, und der Streuung s_g der Gesamtmenge, aus der die Probe genommen ist. Sie lautet

$$s_g{}^2 = \frac{n}{n-1}\, s_e{}^2. \tag{7}$$

2. Feststellung der Einheitlichkeit einer Menge.

Da in einem Lampenhaufen erfahrungsgemäß Lampen von sehr verschiedenen Lebensdauern vorkommen, so könnte man der Meinung sein, daß sich dabei von Einheitlichkeit überhaupt nicht reden ließe. Jedoch besteht offenbar ein Unterschied zwischen einem Lampenhaufen, in dem nur diese als zufällig zu betrachtenden Lebensdauerschwankungen vorhanden sind, und einem solchen, der aus mehreren Sorten von Lampen verschiedener Güte gemischt ist. Freilich liegt der Unterschied nur darin, daß, wenn wir uns beide Male eine Gruppe z. B. besonders langlebiger Lampen, herausgegriffen denken, diese im letzteren Falle noch ein anderes gemeinsames Merkmal besitzen, nämlich die Zugehörigkeit zu einer besonderen Sorte, während im ersteren Falle ein solches Kennzeichen fehlt, möglicherweise nur deshalb, weil es uns noch nicht gelungen ist, es aufzufinden. Es kann also sein, daß wir einen Lampenhaufen als einheitlich bezeichnen, bloß weil wir die Ursachen seiner Verschiedenheiten vorläufig nicht anzugeben vermögen und sie daher als „zufällig" betrachten müssen. Natürlich erscheint es vom Standpunkte der Verbesserung der Produktion sehr wünschenswert, unsere Kenntnis in dieser Richtung zu erweitern. Um so wichtiger ist es, ein Mittel zu haben, das zu entscheiden erlaubt, ob eine bestimmte Einteilung der Lampen in Gruppen (z. B. nach der Herstellungszeit, nach den Materialien oder nach den Herstellungsverfahren) mit wirklichen Unterschieden in der Lebensdauer verknüpft oder nur von zufälligen Schwankungen begleitet ist. Dies wird auf Grund einer Erweiterung des oben angeführten Gesetzes möglich. Das Gesetz ist nämlich seiner Ableitung nach beschränkt auf Zufallsserien, d. h. solche Serien, die nach Zufallsgesetzen, also in blinder Auswahl aus der Gesamtmenge herausgegriffen sind. Wenn demnach eine Anzahl aus einem Lampenhaufen ausgewählter Serien wirkliche Zufallsserien sind, also keinerlei systematische Unterschiede in sich tragen, so muß die Streuung der Serienmittel, die mit s_s bezeichnet sei, in der durch das Gesetz geforderten Beziehung zu der Streuung s_g der gesamten herausgegriffenen Einzellampen um ihr gemeinsames Mittel stehen. Eine Erweiterung des im vorigen Abschnitt ausgesprochenen Gesetzes ist insofern nötig, als es sich dort um eine Gesamtzahl von Lampen handelte, die groß war gegen die Gliederzahl n einer Serie. Da wir hier aber als Gesamtzahl nicht den ganzen Lampenhaufen selbst nehmen, aus dem die Probe genommen wird, sondern die Zahl aller herausgegriffenen Lampen, die hier nur etwas größer gewählt wurde, so daß sie in eine Reihe von Serien zu n Lampen unterteilt werden kann, so darf hier das Verhältnis von n zur Gesamtzahl nicht vernachlässigt werden, und das Gesetz nimmt die etwas kompliziertere Form an

$$s_s{}^2 = \frac{s_g{}^2}{n}\left(1 - \frac{n-1}{n\,k-1}\right) = s_g{}^2 \frac{k-1}{n\,k-1}, \tag{8}$$

wenn k die Zahl der ausgewählten Serien ist. Man sieht, daß diese Gleichung für sehr große k in die alte Form übergeht, da dann $\frac{n-1}{n\,k-1}$ verschwindend klein wird. Zeigt sich nun, daß die gewählten Serien eine Serienstreuung aufweisen, die der nach dieser Formel zu berechnenden entspricht, so wird man die Serien als Zufallsserien ansprechen dürfen. Ist aber die beobachtete Streuung merklich größer, so muß auf Unterschiede zwischen den Serien geschlossen werden.

Um die etwas mühsame Berechnung von s_g zu vermeiden, kann man der Formel (8) auch eine andere Gestalt geben. Denken wir uns die herausgegriffenen $k\,n$ Lampen nach dem Schema Tabelle 2 geordnet.

Tabelle 2.

	1. Serie	2. Serie	$\ldots$	k. Serie
	L_{11}	L_{21}	$\ldots$	$L_{k\,1}$
	L_{12}	L_{22}	$\ldots$	$L_{k\,2}$
	$\cdot$	$\cdot$	$\ldots$	$\cdot$
	$\cdot$	$\cdot$	$\ldots$	$\cdot$
	$\cdot$	$\cdot$	$\ldots$	$\cdot$
	$L_{1\,n}$	$L_{2\,n}$	$\ldots$	$L_{k\,n}$
Serienmittel	M_1	M_2	$\ldots$	M_k

L_{57} bedeutet z. B. die 7. Lampe in der 5. Serie. Allgemein ist L_{ki} die i-te Lampe in der k-ten Serie. M sei ferner das Gesamtmittel aller $n\,k$ Lampen, M_k dagegen das Mittel der k-ten Serie, also

$$M_k = \frac{1}{n}\left(L_{k\,1} + L_{k\,2} + \cdots + L_{k\,n}\right).$$

Wir können nun dreierlei quadratische Streuungen ins Auge fassen.

1. Die Gesamtstreuung s_g aller nk Lampen gegen das Gesamtmittel M, wie sie oben ausführlich betrachtet wurde. Also

$$s_g{}^2 = \overline{L_{ki}^2} - M^2. \tag{5}$$

2. Die Serienstreuung s_s, d. h. die Streuung der Serienmittel M_k gegen den gemeinsamen Mittelwert M

$$s_s{}^2 = \overline{M_k^2} - M^2. \tag{5a}$$

3. Die Einzelstreuung s_e. Wenn man nur eine einzige Serie, z. B. die erste, ins Auge faßt, so kann man auch innerhalb dieser Serie eine Streuung bilden, indem man die Streuung der Lampen L_{1i} gegen das ihnen gemeinsame Mittel M_1 ermittelt. Man erhält dann die Einzelstreuung innerhalb der ersten Serie.

Wenn man diese Einzelstreuung für jede einzelne der k-Serien bestimmt und aus diesen das quadratische Mittel bildet, so erhält man die gesuchte Einzelstreuung:

$$s_e{}^2 = \frac{1}{k}\left[\frac{1}{n}(L_{11}^2 + \cdots + L_{1n}^2 - n\,M_1{}^2)\right.$$
$$\left. + \frac{1}{n}(L_{21}^2 + \cdots + L_{2n}^2 - n\,M_2{}^2) + \cdots\right] = \overline{L_{ki}^2} - \overline{M_k^2}. \tag{9}$$

Man sieht, daß die drei verschiedenen Streuungen sich ausdrücken als Differenzen von je zweien der drei Größen M^2, $\overline{M_k^2}$ und $\overline{L_{ki}^2}$. Es ist nämlich:

$$\begin{aligned}
\text{Gesamtstreuung}\quad s_g{}^2 &= \overline{L_{ki}^2} - M^2,\\
\text{Serienstreuung}\quad s_s{}^2 &= \overline{M_k^2} - M^2,\\
\text{Einzelstreuung}\quad s_e{}^2 &= \overline{L_{ki}^2} - \overline{M_k^2}.
\end{aligned}$$

Trägt man also die drei Zahlen M^2, $\overline{M_k^2}$ und $\overline{L_{ki}^2}$ vom gleichen Nullpunkt aus auf einer Geraden auf (siehe Abb. 2), so liegen die Endpunkte M^2 und $\overline{L_{ki}^2}$ unabhängig von der gewählten Serieneinteilung fest. Der Punkt $\overline{M_k^2}$ dagegen kann je nach der Einteilung der Serien verschiedene Lagen zwischen ihnen einnehmen. Im Falle der Zufallsserien ist sein Ort vermöge (8) und (5a) bestimmt.

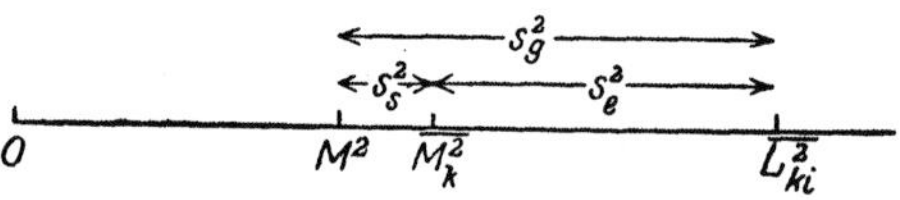

Abb. 2. Geometrische Beziehung zwischen $s_g{}^2$, $s_s{}^2$ und $s_e{}^2$

verschiedene Lagen zwischen ihnen einnehmen. Im Falle der Zufallsserien ist sein Ort vermöge (8) und (5a) bestimmt.

Die drei Streuungsmaße sind nach dem letzten Ergebnis einfach als Abstände zwischen je zwei dieser drei Punkte aufzufassen. Man erkennt auch unmittelbar die Beziehung

$$s_g{}^2 = s_s{}^2 + s_e{}^2, \qquad (10)$$

welche als mathematische Identität zwischen den drei Streuungsgrößen gilt. Gemäß dieser Beziehung können wir in Formel (8) $s_g{}^2$ durch $s_s{}^2 + s_e{}^2$ ersetzen und erhalten somit

$$s_s{}^2 = s_e{}^2 \frac{k-1}{k(n-1)}. \qquad (11)$$

Die Größe $s_e{}^2$ wird berechnet, indem man für jede der k-Serien die Rechnung der auf S. 10 gegebenen Tabelle 1 durchführt und aus den k Ergebnissen das Mittel nimmt.

Die Größe $s_s{}^2$ findet man, indem man dasselbe Rechenschema auf die im Gange der bisherigen Rechnung bereits gefundenen Größen M_k anwendet. Bei 8 Serien zu je 10 Lampen wäre also 9 mal eine Rechnung vom Umfange der Tabelle 1 durchzuführen.

Hat man auf diese Weise die Größen $s_s{}^2$ und $s_e{}^2$ ermittelt und stellt sich nun heraus, daß $s_s{}^2$ von $s_e{}^2 \frac{k-1}{k(n-1)}$ verschieden ist, so muß, wie schon erwähnt, auf Unterschiede zwischen den Serien geschlossen werden. Eine weitere mathematische Überlegung zeigt, daß der Betrag, um den $s_s{}^2$ größer ist, also die Größe

$$D = s_s{}^2 - s_e{}^2 \frac{k-1}{k(n-1)} \qquad (12)$$

ein Maß für diese Unterschiede bildet. Es sei z. B. angenommen, daß sämtliche Lampen der 1. Serie eine um F_1 längere Lebensdauer haben, als sie haben würden. wenn die Unterschiede zwischen den Serien nicht beständen, und ebenso F_2 für die 2. Serie usw., F_k für die k. Serie. Dann ist die Größe D das quadratische Mittel aller dieser Abweichungen

$$D = \overline{F_k{}^2}.$$

Allerdings ist zu beachten, daß auch bei reinen Zufallsserien die Größe $s_s{}^2$ gewissen Schwankungen unterworfen ist, und daher D auch in solchen Fällen nicht immer genau $= 0$ sein wird. Man wird deswegen D mit s_s^2 zu vergleichen haben und allgemein etwa sagen:

Ist D viel kleiner als s_s^2, so liegen Zufallsserien,

ist D vergleichbar mit s_s^2, so liegen systematische Unterschiede vor.

Von welchem Wert des Verhältnisses $\dfrac{D}{s_s^2}$ ab, darf man nun auf solche Unterschiede schließen? Einen Anhalt hierfür liefert die mathematische Berechnung der „Streuung der Streuung"[1]. Es zeigt sich, daß die relative Streuung der Größe s_s^2 sich gleich $\sqrt{\dfrac{2}{k-1}}$ ergibt. Man wird diese Größe daher in erster Näherung auch als relativen Fehler in der praktischen Ermittlung von D ansehen und das oben angegebene Urteil so aussprechen:

D größer als $s_s^2 \sqrt{\dfrac{2}{k-1}}$: systematische Unterschiede vorhanden,

D kleiner als $s_s^2 \sqrt{\dfrac{2}{k-1}}$: systematische Unterschiede nicht nachweisbar.

Da die Größe D, wie erwähnt, ein Maß für die Größe der systematischen Unterschiede bildet, so kann sie auch benutzt werden, um mit Hilfe geeigneter Versuchsanordnungen zwischen verschiedenen möglichen Ursachen solcher Unterschiede zu entscheiden. Sind z. B. die herausgegriffenen $n \cdot k$ Lampen in der Reihenfolge der Fabrikation geordnet und wird nun die Serienbildung so vorgenommen, daß die ersten n Lampen zur 1. Serie, die nächsten zur 2. Serie genommen werden usw., so können möglicherweise infolge einer Änderung der Fabrikationsbedingungen während der Herstellung der $n \cdot k$ Exemplare die ersten Serien systematisch besser sein als die letzten. In diesem Falle haben wir also wirkliche Qualitätsunterschiede infolge verschiedener Herstellungsbedingungen, die sich durch eine von Null verschiedene Größe D verraten müssen. Der gleiche Effekt würde aber auch zustande kommen, wenn man dieselben Lampen zwar vor der Aufteilung in Serien einer vollkommenen Durchmischung unterwürfe, dann aber diese Serien unter etwas ver-

---

[1] Ableitung beruht auf Gaußscher Verteilung. Siehe Teil C, S. 89 ff.

schiedenen Versuchsbedingungen brennen ließe. Solche Verschiedenheiten der Versuchsbedingungen können z. B. davon herrühren, daß die Angabe des Photometers und damit auch die daraus abgeleitete Belastung für die eine Serie systematisch abweicht von der für eine andere Serie oder auch davon, daß an den verschiedenen Brennrahmen nicht genau die am Photometer ermittelten Voltzahlen eingehalten werden, so daß etwa eine Serie ein Volt zu tief, eine andere ein Volt zu hoch belastet wird. Auch diese Unterschiede würden die Ergebnisse so beeinflussen, daß die Streuung der Serienmittel nicht dem für Zufallsserien gültigen Gesetze folgt, sondern sich ein von Null verschiedener Wert D ergibt.

Beide Arten von Unterschieden, solche der Qualität und solche der Versuchsbedingungen, können natürlich auch zusammentreffen. In diesem Falle wird die Größe D, wie eine mathematische Überlegung lehrt, einfach die Summe der Größen D_1 und D_2, die man erhalten würde, wenn entweder nur die Qualitätsunterschiede oder nur die der Versuchsbedingungen wirksam wären. Um den Anteil jeder der beiden Ursachen an dem Gesamtwert zu ermitteln, ist ein Parallelversuch anzustellen, bei dem eine von beiden Ursachen ausgeschaltet ist. Dies hat man durch geeignete Durchmischung in weitem Umfange in der Hand. Sollen z. B. die Unterschiede in den Herstellungsbedingungen ausgeschaltet werden, so sammelt man erst die Lampen der ganzen Herstellungsperiode und sorgt dann dafür, daß in jede Brennserie Lampen aus den verschiedensten Abschnitten der Herstellungszeit aufgenommen werden. Sollen umgekehrt die Unterschiede der Prüfung ausgeschaltet werden, so bildet man die Serien nach der Herstellungszeit und sorgt dafür, daß die einzelnen Lampen jeder Serie womöglich an verschiedenen Photometern oder zu verschiedenen Zeiten gemessen und an verschiedenen Rahmen gebrannt werden. In beiden Fällen berechnet man nun in der auf S. 15 erläuterten Weise s_s, s_e und $D = s_s{}^2 - s_e{}^2 \dfrac{k-1}{k\,(n-1)}$. Falls sich dann herausstellt, daß die im ersteren Falle berechnete Größe D im oben gekennzeichneten Sinne als groß anzusehen ist (d. h. wenn sie größer als $s_s{}^2 \cdot \sqrt{\dfrac{2}{k-1}}$ ist), so wäre zu schließen, daß systematische Unterschiede von der Größe $\overline{F_k{}^2} = D$ in den Versuchsbedingungen vorgelegen haben, die Prüfstation also nicht einwandfrei arbeitet. Wird dagegen im zweiten Falle D groß, so bedeutet dies, daß die Fabrikation selbst in der fraglichen Periode Schwankungen erlitten hat, die über das Maß des zufällig zu erwartenden hinausgehen und vom Betrage $\overline{F_k{}^2} = D$ sind.

Das Verfahren, das hier am Beispiel der Glühlampen erläutert wurde, kann natürlich genau so gut auf irgendeinem anderen Gebiet dazu dienen, um die Ursachen beobachteter Schwankungen eines Fabrikats zu untersuchen, z. B. um festzustellen, ob sie auf Schwankungen des Rohmaterials, oder auf Unterschiede der verschiedenen Bearbeitungsmaschinen, Öfen usw. oder auf zeitliche Schwankungen in der Arbeitsweise einer Werkstatt zurückzuführen sind. Man hat dazu nur Prüfwerte der untersuchten Proben in ein rechteckiges Schema einzuordnen, dessen Unterteilung nach der vermuteten Schwankungsursache vorzunehmen ist. Dann bildet man, wie S. 15 f. angegeben, Einzelstreuung und Serienstreuung und daraus die Größe D. Ist dann, wie S. 16 gezeigt, D größer als $s_s{}^2 \cdot \sqrt{\dfrac{2}{k-1}}$, so ist zu schließen, daß die betreffende Ursache tatsächlich die Schwankungen beeinflußt; ist D kleiner, so spielt die Ursache keine Rolle, es muß nach anderen Ursachen gesucht werden.

3. Verteilungskurven.

In den vorangehenden Abschnitten haben wir uns damit begnügt, eine Menge allein durch zwei Zahlenwerte, ihren Mittelwert und ihre Streuung zu charakterisieren. Schon damit läßt sich, wie wir gesehen haben, manches Interessante und Typische aus einer gegebenen Materialzusammenstellung herausholen. Aber wie schon eingangs erwähnt, gibt es Fälle, wo die Zahl n der Werte, deren Mittel gebildet werden soll, so groß ist, daß die Berechnung, namentlich auch der Streuung, zu umständlich und daher nicht mehr lohnend ist, zumal da das Ergebnis ja nur eine sehr summarische Kennzeichnung der Gesamtmenge darstellt. Denn es ist klar, daß zwei Mengen bei gleichem Mittelwert und Streuung hinsichtlich der Beschaffenheit der einzelnen ihnen angehörigen Individuen doch noch sehr verschieden sein können. Ein anderer Weg zur Kennzeichnung einer Gesamtheit von Werten besteht daher darin, die Beobachtungsresultate im ganzen durch eine Kurve anschaulich darzustellen und die typischen Eigenschaften solcher Verteilungskurven zu erforschen. Auf diesem Wege können wir erwarten, im Falle sehr großer Zahlen einen Ersatz für die umständliche Mittelbildung und darüber hinaus auch bei kleineren Mengen einen tieferen Einblick in das Verhalten der Gesamtheit zu gewinnen.

a) Herstellung von Verteilungskurven. Die Herstellung der Verteilungskurven ist ausführlich erläutert bei K. Daeves, Großzahlforschung[1]. Wir können uns daher im folgenden kurz fassen. Aus dem ungeordneten Material der Kontrollbücher oder -listen wird zuerst eine Verteilungstafel hergestellt. Tab. 3 gibt eine solche für Dehnungen von Schraubeneisen. Die erste Kolonne gewinnt man, indem man den Bereich, in den sämtliche gemessenen Dehnungswerte fallen, in gleich große Intervalle einteilt und die Mitten dieser Intervalle hinschreibt. Die Intervalle laufen hier also von 23 bis 25%, 25 bis 27% usw. Alsdann wird

Tabelle 3.

1	2	3
Dehnung %	Häufigkeit	Produkt 1×2
24	0	0
26	1	26
28	6	168
30	27	810
32	40	1280
34	54	1836
36	45	1620
38	23	874
40	7	280
42	2	84
44	0	0
	205	6978

$$M = \frac{6978}{205} = 34{,}04\%$$

---

[1] Sonderheft der Fachausschüsse des Vereins Deutscher Eisenhüttenleute, Werkstoffausschuß, Bericht 43.

gezählt, wie viele der gemessenen Dehnungswerte in jedes Intervall fallen, und diese Anzahlen oder Häufigkeiten in die zweite Kolonne eingetragen.

Die Verteilungskurven erhält man nun, indem man die Zahlen der Kolonne 2 als Ordinaten über denen der Kolonne 1 als Abszissen aufträgt. Die Endpunkte der Ordinaten verbindet man entweder durch gerade Linien oder durch eine glatte Kurve. Zuweilen wird auch eine Treppenkurve gegeben, indem man durch jeden Ordinatenendpunkt eine Horizontale von der Länge der Intervallgröße legt, und diese Stufen durch senkrechte Linien an den Intervallgrenzen verbindet. Abb. 3 gibt als Beispiel die zu Tab. 3 gehörige Verteilungskurve.

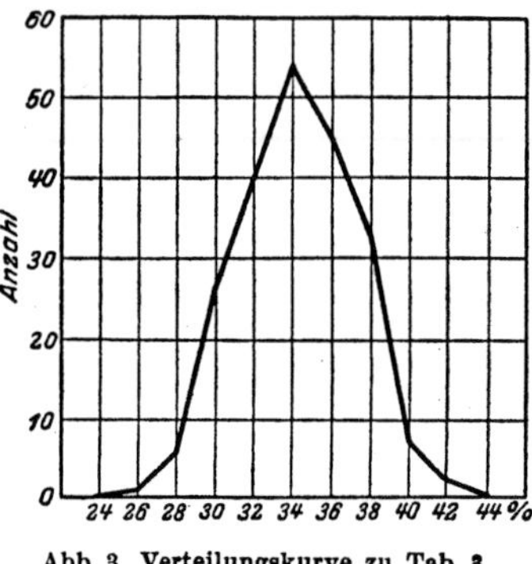

Abb. 3. Verteilungskurve zu Tab. 3.

An die Verteilungstafel kann man zugleich eine vereinfachte Mittelbildung anschließen, die in Kolonne 3 angedeutet ist. Man bildet die Produkte der Ordinaten mit dem der Intervallmitte entsprechenden Wert, addiert diese und dividiert durch die Gesamtzahl; der Quotient ergibt, wenn die Intervalle nicht zu groß sind, den Mittelwert der Gesamtheit mit guter Annäherung. Auch die Streuung läßt sich ähnlich berechnen. Vgl. das ausgeführte Beispiel S. 41f.

Solche Verteilungskurven eignen sich besonders zur Darstellung sehr großer Gesamtheiten; ist die Menge zu klein, so fallen die Kurven unregelmäßig aus, weil einzelne Intervalle unter Umständen ganz leer sein können. Will man daher eine kleinere Menge, z. B. eine aus einer großen Gesamtheit herausgegriffene Probe, anschaulich darstellen, so empfiehlt sich eine andere Methode, die schon S. 18 bei Gelegenheit des linearen Streuungsmaßes erwähnt wurde. Es wurden dort die einzelnen darzustellenden Werte, im Beispiel die Lebensdauern von Lampen, nach der Größe geordnet, als aufeinanderliegende Flächenstreifen dargestellt. Dieselbe Treppenkurve, die wir uns dort als Begrenzung der Flächenstreifen entstanden dachten, kann man in etwas anderer Auffassung auch so deuten, daß über der Zeit als Abszisse die Zahl der jeweils noch brennenden Lampen als Ordinate aufgetragen ist. In diesem Sinne kann die Kurve als Brenndauerkurve bezeichnet werden. Zu demselben Beispiel läßt sich in diesem Fall aber auch eine Verteilungskurve zeichnen, indem man über jedem Zeitintervall die während seiner Dauer durchgebrannten Lampen aufträgt. In Abb. 4 ist die zu Abb. 1 gehörige Verteilungskurve angegeben.

Zwischen beiden Kurven besteht eine enge Beziehung. Bei der Brenndauerkurve geben ja, wie schon erwähnt, die horizontalen Linien, die von den Punkten 1, 2, 3 usw. der Ordinatenachse bis zu den äußeren Eckpunkten der Stufenkurve gezogen werden, die Brenndauern der einzelnen individuellen Lampen an; um die Verteilungskurve zu finden, braucht man nur die Abszissenachse in gleich große Intervalle zu zerlegen und nachzuzählen, wieviel Enden solcher horizontaler Linien über jedem Intervall liegen, denn

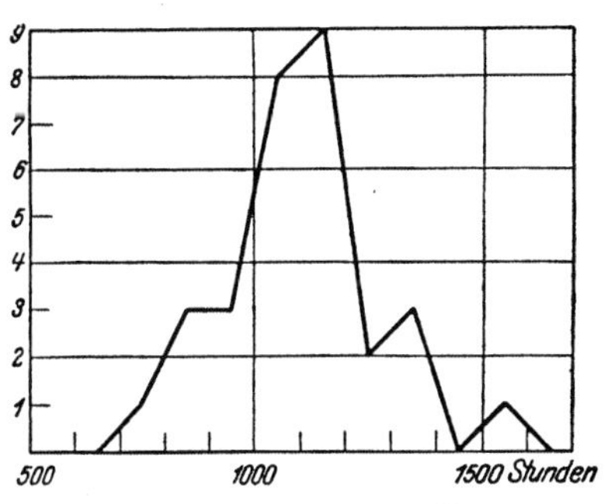

Abb. 4. Verteilungskurve zu Abb. 1.

jedes solche Ende entspricht ja einer durchbrennenden Lampe, deren Lebensdauer also innerhalb dieses Intervalls liegt. Man erkennt sofort, daß an den Stellen, wo die Brenndauerkurve steil abfällt, die Verteilungskurve ihre höchsten Werte erreicht, während die flachen Stellen der Brenndauerkurve niedrige Werte der Verteilungskurve bedingen. Wenn die Zahl der Lampen, deren Brenndauern dargestellt sind, sehr groß wäre, so daß die Brenndauerkurve einen angenähert glatten Verlauf zeigen würde, so könnte man die Intervalle sehr klein wählen, und die Verteilungskurve würde dann angenähert den Differentialquotienten der Brenndauerkurve darstellen, der ja die Steilheit der Kurve an jeder Stelle angibt.

Häufig wird die Brenndauerkurve auch so gezeichnet, daß man statt der genauen Zahl der jeweils noch brennenden Lampen den Prozentsatz von der Gesamtzahl aufträgt; dies wird besonders dann zweckmäßig sein, wenn die Gesamtzahl sehr groß ist. Man wird dann auf die genaue Wiedergabe jeder einzelnen Lebensdauer verzichten, statt dessen in gleich großen Zeitintervallen, etwa von 100 zu 100 Stunden, vorgehen und jedesmal den Prozentsatz der Lampen, die noch brennen, als Ordinate über dem betrachteten Zeitpunkt auftragen. Die Endpunkte der Ordinaten verbindet man durch Gerade, oder man legt eine glatte Kurve hindurch. Die Steilheit dieser Geraden, der Sehnen der glatten Brenndauerkurve, entspricht nun genau den Ordinaten der Verteilungskurve, denn sie ist der Zahl der im Intervall defekt gewordenen Lampen proportional. Wenn also die Intervalle klein genug genommen werden können, bildet auch für diese etwas modifizierte Brenndauerkurve die Verteilungskurve angenähert die Differenzierende.

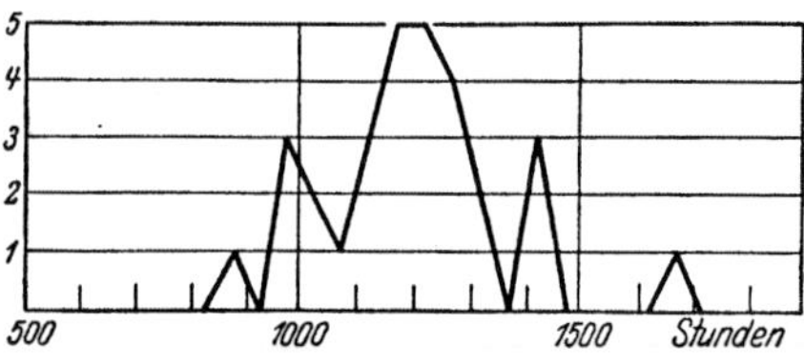

Abb. 5. Verteilungskurve mit zu kleinen Intervallen.

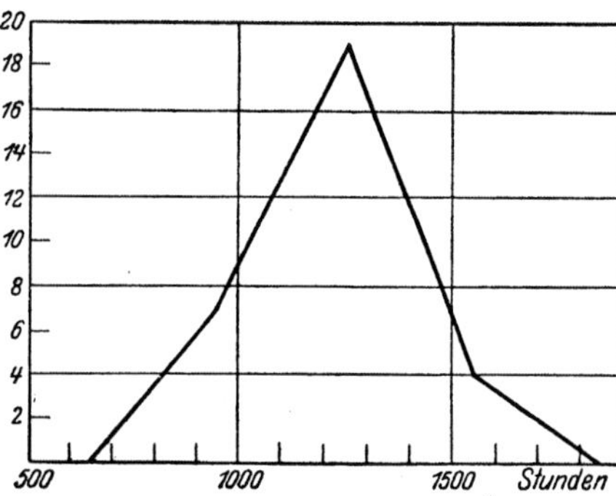

Abb. 6. Verteilungskurve mit zu großen Intervallen.

Um in einem praktischen Fall eine Verteilungskurve wirklich zu zeichnen, kommt es vor allem auf die Wahl der Intervallgröße an. Nimmt man diese sehr klein, so kommt es, wie erwähnt, häufig vor, daß einzelne Intervalle durch Zufall fast leer sind und daß die Schwankung der in benachbarten Intervallen liegenden Anzahlen sehr groß ist. So erhält man z. B. aus der Brenndauerkurve Abb. 1, wenn man die Intervalle halb so groß wählt, als sie für Abb. 4 genommen wurden, die Kurve Abb. 5 als Verteilungskurve, die einen sehr unregelmäßigen Verlauf zeigt.

Je größer man die Intervalle macht, desto sicherer wird man diese zufälligen Unregelmäßigkeiten vermeiden. Nimmt man sie aber zu groß, so verwischt man dadurch schließlich alle Besonderheiten des An- und Abstiegs, da ja zuletzt alle Lampen in ein und dasselbe große Intervall fallen würden. Abb. 6 zeigt die Verteilungskurve mit dem dreifachen Intervall wie in Abb. 4; hier fällt offenbar schon fast alles Charakteristische fort, so daß man diese Intervalle als zu groß empfinden wird. Welche Unregelmäßigkeiten einer Kurve als „zufällig" und welche als „charakteristisch" anzusehen sind, läßt sich aber nur durch Betrachtung vermehrten Materials entscheiden und bleibt mehr oder weniger willkürlich.

b) Die Gaußsche Verteilung. Die Bedeutung dieser Verteilungskurven liegt darin, daß man nach den Gesetzen der Wahrscheinlichkeitslehre unter Voraussetzung gewisser einfacher Bedingungen eine normale Verteilungskurve berechnen kann, bei deren Gültigkeit sich eine Reihe von praktisch wichtigen Fragen exakt beantworten lassen. Mit derselben Genauigkeit nun, mit der sich die wirklichen Verteilungskurven dieser theoretischen Kurve anpassen, können daher die für diese gültigen Gesetze auch auf jene übertragen werden. So z. B. beruht die Berechnung der „Streuung der Streuung", die S. 16 zur Entscheidung der Frage: Zufallsschwankungen oder Qualitätsunterschiede? benutzt wurde, auf der Gültigkeit dieser theoretischen Kurve. Die Berechtigung einer solchen Annahme wird im folgenden gezeigt werden.

Die Ableitung dieser zuerst von Gauß aufgestellten Verteilungskurve, die vielfach auch „normale Häufigkeitskurve", „Fehlerkurve" oder „Gaußsche Kurve" genannt wird, beruht auf der Voraussetzung, daß die betrachtete Größe — z. B. die Lebensdauer einer Lampe — durch das Zusammenwirken einer sehr großen Zahl von sehr kleinen Einflüssen zustande kommt, deren jeder die Größe entweder vermehrt oder vermindert, und zwar beides mit gleicher Wahrscheinlichkeit. Unter diesen Umständen zeigt die Wahrscheinlichkeitslehre, daß die Fälle mit ungefähr gleich viel vergrößernden und verkleinernden Einflüssen, bei denen also die Gesamtwirkung einen mittleren Wert ergibt, sehr viel häufiger vorkommen müssen als die, bei denen fast nur vergrößernde oder fast nur verkleinernde Einflüsse vorhanden sind.

Denkt man sich die verschiedenen möglichen Werte der betrachteten Größe — wir wollen sie L nennen — auf einer L-Achse abgetragen, so kann man die Häufigkeit berechnen, mit der die innerhalb eines kleinen Intervalls von der Breite dL gelegenen Werte unter einer sehr großen Zahl von Fällen vorkommen, wenn das Intervall an einer beliebigen Stelle L der Achse beginnt. Bezeichnet man die Wahrscheinlichkeit dieses Vorkommens mit $W(L)\,dL$, so ist

$$W(L)\,dL = \frac{1}{s\sqrt{2\,\pi}}\, e^{-\frac{(L-M)^2}{2\,s^2}}\,dL, \qquad (13)$$

wobei M und s zwei Konstante bedeuten, die von der Zahl und Größe der wirksamen Einflüsse abhängen und von denen noch die Rede sein wird[1].

Trägt man $W(L)$ als Kurve über der L-Achse auf, so ergibt sich eine Abbildung von der in der Abb. 7 dargestellten Gestalt. Für $L = M$ hat diese Kurve ein Maximum, d. h. die Werte in der Nähe von M kommen häufiger vor, als die Werte eines gleich breiten Intervalls an jeder anderen Stelle. Je weiter ein Wert von M entfernt ist, desto seltener kommt er vor, und

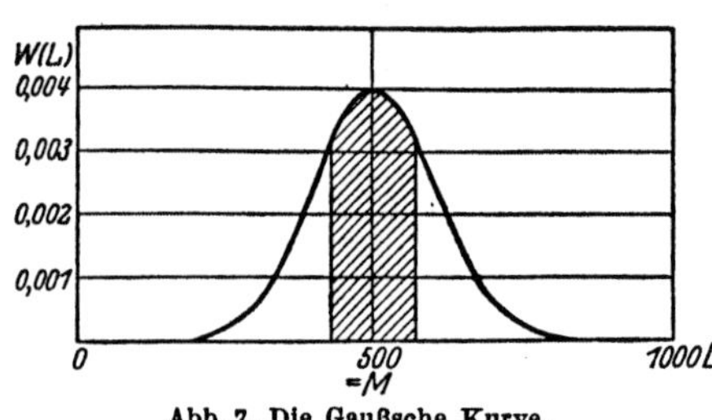

Abb. 7. Die Gaußsche Kurve.

von einer gewissen Entfernung an schmiegt sich die Kurve so dicht der L-Achse an, daß die Wahrscheinlichkeit des Vorkommens der dort liegenden Werte praktisch gleich Null ist. Bei der in Abb. 7 dargestellten Kurve ist der Wert der Konstanten $M = 500$ und $s = 100 = \frac{1}{5}\,M$ gewählt. Hätte man statt dessen für s einen größeren Wert genommen, z. B. 200, so würde die ganze Abbildung im Verhältnis 2:1 verbreitert sein und zugleich alle Ordinaten im Verhältnis 1:2 verkürzt. Bei kleineren s-Werten dagegen zieht sich die Kurve in dem entsprechenden Verhältnis enger um ihre Mittellinie zusammen,

---

[1] Ableitung dieser Formel siehe Teil C, S. 84 ff.

und jede Ordinate wird im gleichen Verhältnis vergrößert. Für kleine s wird also das Maximum hoch und schlank, für große s breit und niedrig.

Dies Verhalten hängt damit zusammen, daß der Flächeninhalt zwischen der Kurve und der L-Achse für alle die verschiedenen Kurven derselbe, nämlich von der Größe 1 sein muß. Wie oben erwähnt, stellt $W(L) \cdot dL$ die Wahrscheinlichkeit dar, daß der Wert L innerhalb des kleinen Intervalls dL liegt. $W(L) \cdot dL$ ist aber gleich dem Flächeninhalt eines Rechtecks von der Länge der Ordinate $W(L)$ und von der Breite dL. Entsprechend ist die Wahrscheinlichkeit, daß L innerhalb eines größeren Intervalles L_1 bis L_2 liegt, gleich dem Flächeninhalt, der von dem Achsenstück L_1 bis L_2, den beiden in seinen Endpunkten errichteten Ordinaten und dem dazwischenliegenden Kurvenstück begrenzt wird. Das Flächenstück, das zwischen der ganzen L-Achse und der Kurve in ihrer ganzen Ausdehnung von $-\infty$ bis $+\infty$ liegt, ist demnach die Wahrscheinlichkeit, daß L irgendwo zwischen $-\infty$ und $+\infty$ liegt. Da ja nun L notwendig zwischen diesen Grenzen liegen muß, weil es gar keine anderen Werte gibt, so ist diese Wahrscheinlichkeit die Gewißheit, hat also den Wert 1. Es ist wichtig, zu beachten, daß in dieser Darstellung der Flächeninhalt die Dimension einer Wahrscheinlichkeit hat, nicht etwa die Ordinate, wie man vielleicht glauben könnte, weil das Ganze oft als „Wahrscheinlichkeitskurve" bezeichnet wird. Es wäre nicht richtig zu sagen, die Ordinate $W(L)$ stelle die Wahrscheinlichkeit des Wertes L dar. Denn, daß der Wert L absolut genau angenommen wird, das hat offenbar die Wahrscheinlichkeit O. Aber danach zu fragen, hat auch gar keinen Sinn, da wir ja jede Größe doch nur mit einer gewissen Genauigkeit messen können. Fragen wir aber nach der Wahrscheinlichkeit, daß der Wert L mit einer gewissen Genauigkeit angenommen wird, so haben wir damit schon ein gewisses kleines Intervall in der Nähe von L angegeben, innerhalb dessen der fragliche Wert noch liegen darf. Die Wahrscheinlichkeit ist dann der Breite dieses Intervalls proportional und wir gelangen wieder zu der Rechtecksformel $W(L) dL$.

Mit Hilfe der angegebenen Formel für die Häufigkeit des Vorkommens der verschiedenen L-Werte läßt sich nun bei einer nach der Gaußschen Kurve verteilten Gesamtheit für jede Größe, die von L abhängt, ihr durchschnittlicher Wert berechnen.

Zunächst der Mittelwert von L selbst. Dieser ergibt sich rechnerisch zu M, was wir schon aus der Kurve entnehmen konnten, die ja symmetrisch zu M verläuft. Ferner ergibt sich das quadratische Streuungsmaß (siehe S. 9f) gleich der Konstanten s, weswegen wir absichtlich für diese beiden Größen schon dieselben Buchstaben gewählt haben, die in Abschnitt 1 zur Bezeichnung des Mittelwertes und des quadratischen Streuungsmaßes dienten. Daß die Größe s die flachere oder schärfere Gestalt des Maximums bedingt, demnach ein Maß für die Streuung bilden muß, sahen wir ja schon oben. Berechnet man schließlich die lineare Streuung s_l, so erhält man

$$s_l = \frac{s}{\sqrt{\pi/2}} = 0{,}798\,s.$$

Man sieht also, daß für eine Gesamtheit, die nach einer Gaußschen Kurve verteilt ist, das lineare und das quadratische Streuungsmaß sich um einen für alle Kurven konstanten Faktor unterscheiden. Dies ist von Vorteil, wenn man von einer Gesamtheit weiß, daß sie so verteilt ist. Man kann sich dann die mühsame Berechnung des quadratischen Streuungsmaßes sparen und statt dessen das bequemer zugängliche lineare durch den Faktor 0,798 dividieren.

Ferner läßt sich im Fall der Gültigkeit der Gaußschen Verteilung allgemein angeben, welcher Bruchteil der betrachteten Gesamtheit sich um nicht mehr als eine gegebene Größe vom Mittelwert unterscheidet. Denken wir uns, wie in der Abb. 7 durch Schraffierung kenntlich, beiderseits der Mittellinie M je einen Streifen von der Breite b abgegrenzt, so wird die Zahl der Exemplare, die sich um nicht mehr als b von M unterscheiden, durch den Flächeninhalt dieses Streifens ausgedrückt. Dieser Flächeninhalt ist durch das sogenannte Gaußsche Fehlerintegral

$$\Phi(y) = \frac{2}{\sqrt{\pi}} \int_0^y e^{-x^2}\, dx \tag{14}$$

bestimmt, und zwar ist er gleich $\Phi\left(\dfrac{b}{\sqrt{2}\,s}\right)$. Eine Tabelle dieser Funktion findet sich im Anhang S. 118. Für Kurven mit verschiedenem s ergeben sich, wie man leicht sieht, dieselben Werte, wenn die Streifenbreite b zu s in demselben Verhältnis steht. In der folgenden Übersichts-Tabelle 4 bezeichnet Φ (Spalte 1) den Bruchteil der Gesamtheit, der sich innerhalb eines zur Mittellinie symmetrischen Streifens von der Gesamtbreite $2\dfrac{b}{s}$ (Spalte 2) befindet. Die 3. Spalte gibt noch an, wieviel Prozent des Ganzen außerhalb des betreffenden Streifens liegt; dieser Prozentsatz besteht je zur Hälfte aus Exemplaren, deren L kleiner als $M - b$, und aus solchen, deren L größer als $M + b$ ist.

Tabelle 4.

$\Phi\left(\dfrac{b}{\sqrt{2}\,s}\right)$	$\dfrac{b}{s}$	$(1 - \Phi)\cdot 100$ %
0,1	0,126	
0,2	0,253	
0,3	0,383	
0,4	0,526	
0,5	0,675	50
0,6	0,841	40
0,682	1,00	31,8
0,7	1,04	30
0,8	1,28	20
0,9	1,65	10
0,93	1,82	7
0,95	1,96	5
0,96	2,06	4
0,97	2,17	3
0,98	2,33	2
0,99	2,56	1
0,995	2,82	0,50
0,998	3,09	0,20
0,9990	3,39	0,10
0,9995	3,48	0,05
9,9998	3,68	0,02
9,9999	3,82	0,01

Zur weiteren Illustration dieser Tabelle diene etwa folgendes Beispiel:

Es sei bei einer Lampenmenge gefunden:

Mittlere Lebensdauer $M = 1500$ Stunden

quadratische Streuung $s = 300$ „

Wenn die Lampen nach der Gaußschen Kurve streuen, so ist für diese also ebenfalls $s = 300$ Stunden. In diesem Falle müßten also von der Gesamtmenge liegen:

50% in den Grenzen $M \pm 0,675 \cdot s$, d. h. zwischen 1295 u. 1705 Std·
90% „ „ „ $M \pm 1,65 \cdot s$, „ „ 1005 „ 1995 „
99% „ „ „ $M \pm 2,56 \cdot s$, „ „ 730 „ 2270 „
99,9% „ „ „ $M \pm 3.39 \cdot s$, „ „ 480 „ 2520 „

Ferner würde die lineare Streuung in diesem Falle betragen:

$$s_l = 0,798 \cdot s = 239,4 \text{ Stunden.}$$

Aus den Tabellen läßt sich für s und s_l auch folgende anschauliche Aussage machen:

Die quadratische Streuung mißt diejenige Streubreite b, in welche 68,2% aller Werte hineinfallen; die lineare Streuung dagegen diejenige, in welche 57,5% entfallen. Oder auch, wenn wir mit b_Φ die zum Bruchteil Φ gehörige Breite bezeichnen würden:

$$s = b_{0,682}.$$
$$s_l = b_{0,575}.$$

c) Vergleich wirklicher Verteilungskurven mit der Gaußschen. Alle im vorigen Abschnitt abgeleiteten Beziehungen gelten, wie nochmals ausdrücklich betont sei, nur bei Gaußscher Verteilung; jede einzelne der zahlreichen numerischen Konsequenzen kann daher auch dazu dienen, um bei einer gegebenen Menge zu untersuchen, inwieweit man ihr Verhalten praktisch durch einfache Angabe der beiden Zahlen M und s (Mittelwert und Streuungsmaß) und Annahme einer Gaußschen Verteilung ausreichend beschreiben kann. Wir kehren damit zu den wirklich beobachteten Verteilungskurven zurück. Es muß zunächst darauf hingewiesen werden, daß die zur Ableitung der normalen Häufigkeitskurve benutzten Voraussetzungen bei einer statistischen Prüfung von Eigenschaften, wie z. B. der Brenndauer einer Lampe oder der Kerbzähigkeit eines Bleches oder anderer, natürlich nur in sehr bedingtem Sinne zutreffen. Eigentlich nur insoweit, als die Ursachen, die einen Ausfall des Ergebnisses bewirken, hier wie dort mannigfach und uns im einzelnen unbekannt sind. Von lauter gleich großen entweder positiven oder negativen Wirkungen kann natürlich keine Rede sein. Immerhin werden doch sowohl in den Materialien, aus

denen die Lampe oder das Blech usw. besteht wie bei den
Bedingungen, unter denen die Prüfung vor sich geht, eine Mehrheit von einzeln vielleicht unbedeutenden kleinen Verschiedenheiten vorkommen, deren Wirkung sich zum Teil gegenseitig
ausgleicht, die aber, wenn sie im gleichen Sinne wirken, das
Ergebnis merklich beeinflussen können. Diese werden daher in
ihrem Zusammenwirken wenigstens einen einigermaßen ähnlichen
Typus in der Verteilungskurve hervorbringen, da auch hier die
Fälle, wo sich die in Betracht kommenden Einflüsse gegenseitig
nahezu kompensieren, zahlenmäßig gegenüber denen, wo sie

alle oder fast alle in einer
Richtung wirken, überwiegen
werden. Daß allerdings die
Verteilungskurve, wie die
Gaußsche, nach beiden Seiten symmetrisch verlaufen soll,
ist an sich nicht zu erwarten,
bei Glühlampen schon aus dem
Grunde nicht, weil die Brenndauer einer Lampe ihrer Natur
nach eine positive Größe ist,
während eine Verteilung nach
der genauen Gaußschen Kur

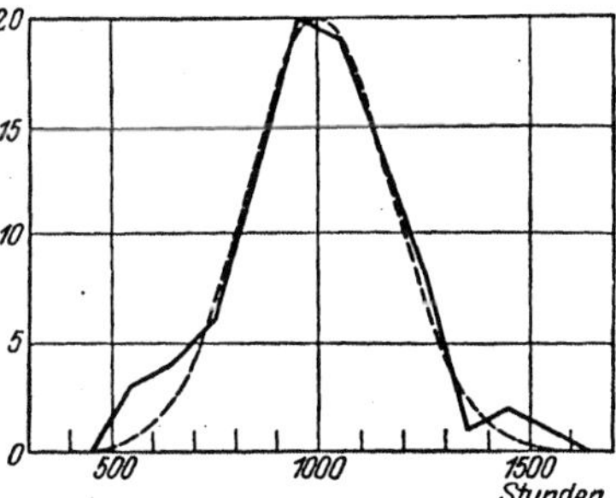

Abb. 8. Verteilungskurve von Lebensdauern.

ve fordern würde, daß sich mit einer gewissen, wenn auch geringen Wahrscheinlichkeit auch Lampen negativer Brenndauer
vorfinden müßten, was natürlich keinen Sinn hat.

In der Abb. 8 ist in der ausgezogenen gebrochenen Linie
die Verteilungskurve der Lebensdauern einer Gruppe von 90 Lampen dargestellt, und zwar ist auf der Abszissenachse die Zeit
in Stunden abgetragen, und die Ordinate gibt die Zahl der
jeweils in Intervallen von 100 Stunden durchgebrannten Lampen.

Es zeigt sich, daß die Kurve fast symmetrisch verläuft;
ihr höchster Punkt liegt zwar etwas vor der Ordinate bei 1000,
aber ein erheblicher Teil der An- und Abstieglinie ist sehr
nahe symmetrisch zu dieser Ordinate. Es wurde daher versucht,
den mittleren Teil der Kurve durch eine Gaußsche Fehlerkurve zu approximieren. Zu diesem Zweck wurde die Breite
der Kurve in der halben Maximalhöhe gemessen, und der Parameter s der Gaußschen Kurve so berechnet, daß die Kurve

die Ordinate bei 1000 in Höhe des Maximums schneidet und zugleich in der halben Höhe des Maximums die gleiche Breite hat wie die gefundene Verteilungskurve. Die so berechnete Kurve ist gestrichelt in die Figur eingetragen. Man sieht, daß sie sich dem mittleren Teil der Verteilungskurve der 90 Lampen gut anpaßt, dagegen zeigt diese vor und hinter dem Hauptmaximum, und zwar in annähernd gleicher Entfernung, je einen kleinen oberhalb der theoretischen Kurve liegenden Buckel. Schätzungsweise nehmen die Flächen dieser beiden Abweichungen etwa 5,5% des ganzen ein, entsprechen also zusammen ungefähr 5 Lampen.

Ein solcher Verlauf der Verteilungskurve scheint typisch zu sein. Ähnliche Kurven werden aus verschiedenen, auch größeren Lampengruppen erhalten. Die relative Größe der Nebenerhebungen schwankt dabei, es kommt auch vor, daß die vordere oder die

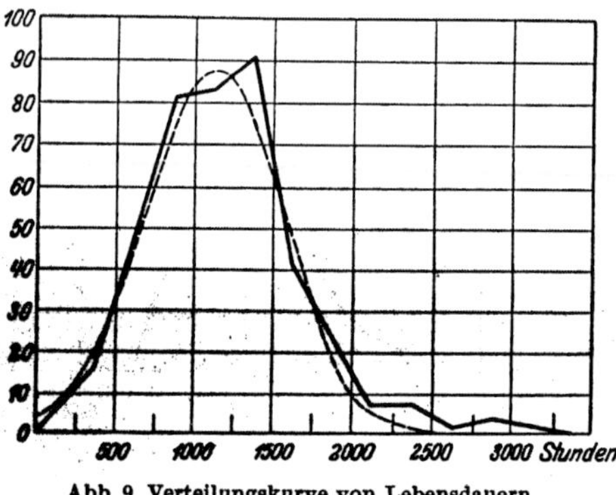

Abb. 9. Verteilungskurve von Lebensdauern verschiedener Lampensorten.

hintere ausgeprägter, zuweilen auch allein vorhanden ist. Auch die Breite der mittleren Kurve, die durch den Parameter der Gaußschen Kurve gemessen wird, kann verschiedene Werte annehmen. Der Typus der Kurve ist aber immer wieder derselbe.

Wenn nun die Lampen, deren Verteilungskurve aufgenommen wird, vielleicht aus zwei verschiedenen Sorten von merklich verschiedener mittlerer Lebensdauer beständen, so würde sich das in der Kurve durch ein doppeltes Hauptmaximum ausprägen, falls die beiden Sorten in ungefähr gleicher Zahl vertreten wären. Ist eine Sorte nur in geringer Zahl vorhanden, so kann sich das eine Maximum in einer „Nebenerhebung" verstecken, so daß sich nicht mit Sicherheit aus der Kurve auf das Bestehen verschiedener Sorten schließen läßt.

Sind noch mehr als zwei Sorten vorhanden, so werden sich die verschiedenen Maxima gegenseitig verwischen, und man

erhält schließlich wieder eine Kurve von ähnlichem Typus wie
die einer einfachen Sorte, nur wird die Streuung, also die Breite
des Maximums erheblich größer sein. Ein Beispiel für eine
solche Kurve gibt Abb. 9, die nach Brenndauerversuchen mit
etwa 400 Lampen von 6 verschiedenen Typen und teilweise
verschiedener Herstellungszeit und verschiedenen Materialien
gezeichnet wurde. Da hier offensichtlich sehr viel weniger
Symmetrie vorhanden ist, wurde
die zum Vergleich hineingezeich-
nete normale Häufigkeitskurve
statt um die mittlere Lebensdauer, die bei 1190 Stunden
liegt, um eine beliebig gewählte
Mittellinie gezeichnet, bei der
nach Schätzung eine möglichst
gute Anpassung erwartet werden
konnte. Man sieht, daß die Kurve
hier immer noch eine gewisse
Annäherung an die wirkliche

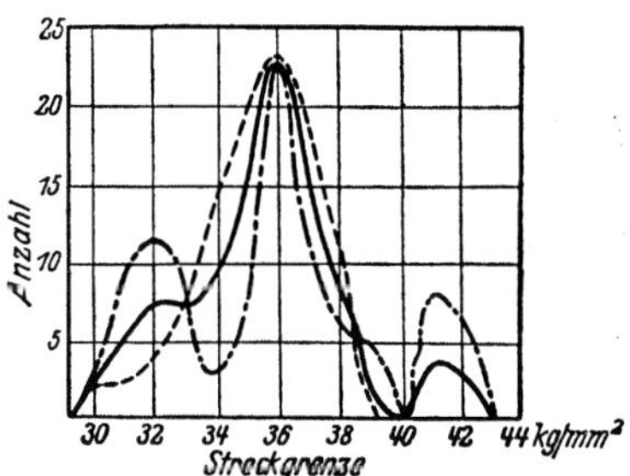

Abb. 10. Verteilungskurven von Streckgrenzen, nach Stahl u. Eisen S. 497, 1926.

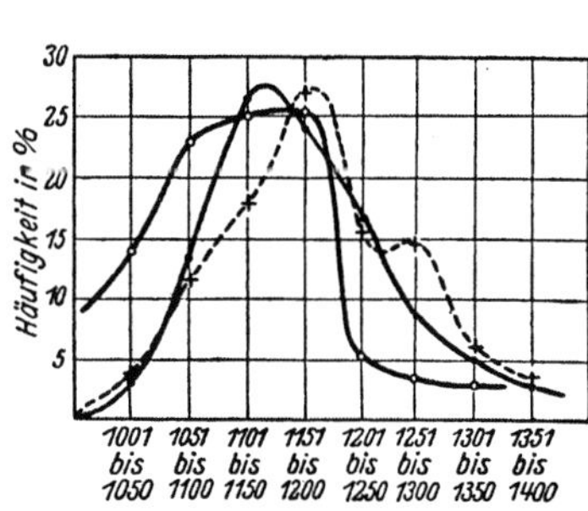

Abb. 11. Verteilungskurven von Heiz-
werten, nach Daeves a. a. O.

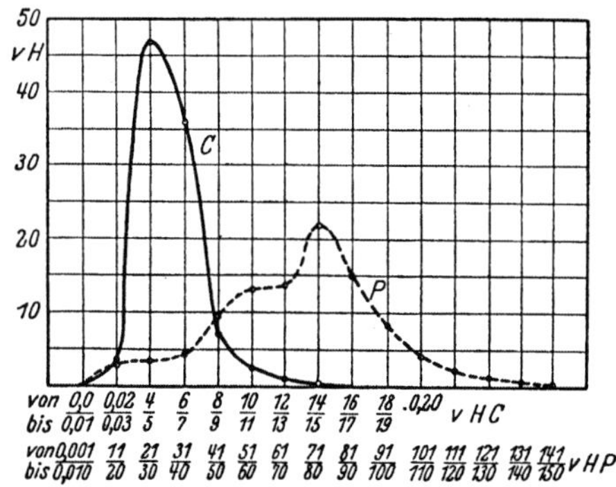

Abb. 12. Verteilungskurven von Analysen-
werten, nach Schimz, a. a. O.

Verteilung darstellt, obwohl stärkere Abweichungen, und zwar hier
auch im Mittelteil, zu bemerken sind.

Auf zahlreichen anderen Gebieten scheinen Verteilungskurven
von ganz ähnlichem Typus vorzukommen. Zur Veranschaulichung
geben wir in Abb. 10—12 drei beliebig gewählte Beispiele.

Abb. 10 zeigt die Streckgrenzen siliziumhaltiger Stähle[1]; Abb. 11 gibt die Heizwerte von Generatorgas, unterteilt nach 3 Arbeitsschichten[2], Abb. 12 Kohlenstoff und Phosphorgehalt von Schraubeneisen[3].

Die Ordinaten der 3 Figuren sind die Häufigkeiten des Vorkommens der zugehörigen Abszissenintervalle, bei Abb. 10 unmittelbar als Anzahlen, bei Abb. 11 und 12 als Prozent der Gesamtzahl angegeben; auf der Abszissenachse sind die Werte der betreffenden Eigenschaft aufgetragen, und zwar sind in Abb. 10 die Intervallmitten, in Abb. 11 und 12 die Intervallgrenzen angeschrieben.

Bei allen diesen Kurven würde eine Gaußsche Kurve die Verhältnisse mit einer gewissen Annäherung wiedergeben (am schlechtesten wohl für die Heizwertkurven); die Streuung s dieser Kurve würde sich dann wohl zur kurzen Kennzeichnung der Verteilung eignen (etwa im Vergleich der entsprechenden Kurven aus anderen Fabrikationsjahren oder bei anderen Werken). Denn die Eigenschaft der Streuung s, daß sie die halbe Breite desjenigen Intervalls angibt, innerhalb dessen 68% aller Werte liegen, würde angenähert auch für die beobachtete Kurve zutreffen. Zeichnet man die Verteilungskurven immer so, daß die Ordinaten in % der Maximumsordinate dargestellt werden, so kann man die geeignete Gaußsche Kurve und deren Streuung leicht ermitteln, indem man ein durchsichtiges Deckblatt benutzt, auf dem die Gaußschen Kurven verschiedener Streuung und gleicher Maximalordinate ein für allemal vorgezeichnet sind. Man braucht nur das Deckblatt so über die Kurve zu schieben, daß die Maxima sich decken, sodann die Kurve bester Übereinstimmung auszusuchen und deren darangeschriebene Streuung abzulesen[4].

---

[1] Nach „Die Eigenschaften hochsiliziumhaltigen Baustahls", Stahl und Eisen Nr. 15, S. 497, 1926.

[2] Nach Daeves „Großzahlforschung", Sonderheft der Fachausschüsse des Vereins Deutscher Eisenhüttenleute. Werkstoffausschuß, Bericht 43, S. 16.

[3] Nach Schimz, „Die Versuchsanstalt in der verarbeitenden Industrie", Sonderheft des „Maschinenbau", Bd. 6, H. 4, S. 193. 1927.

[4] Falls die Maximumsordinate vielleicht gerade einen etwas abnormen Zufallswert darstellt, gelingt es bei einiger Übung leicht, eine in passender Weise korrigierte Mittelordinate zu wählen, auf die dann alle übrigen zu beziehen sind.

Für die Frage, ob man bei einer Gesamtheit von Werten wirklich mit der Gaußschen Verteilung rechnen darf oder nicht, kommt es nun nicht so sehr auf den subjektiven Eindruck der Kurvenform an, als vielmehr darauf, ob die zahlenmäßigen Aussagen über das Verhalten der Menge, welche sich auf eine Gaußsche Verteilung stützen, mit der Wirklichkeit übereinstimmen oder nicht.

Eine dahingehende Untersuchung kann z. B. in folgender Weise durchgeführt werden:

Man bestimmt zunächst aus den erhaltenen Werten L den Mittelwert M. Sodann berechnet man

$$\text{die quadratische Streuung}\quad s = \overline{(L - M)^2},$$
$$\text{die lineare Streuung}\quad \ldots\quad s_l = \overline{|L - M|}.$$

Ferner kann man die Größen $b_{0,5}$, $b_{0,9}$ und $b_{0,99}$ (vgl. S. 28) feststellen, die folgendermaßen definiert sind:

$b_{0,5}$ ist diejenige Zahl, die man zu M hinzuzählen und von M abziehen mnß, damit gerade 50% aller Werte in dem so hergestellten Bereich von $M - b_{0,5}$ bis $M + b_{0,5}$ liegen. Entsprechend bedeuten $b_{0,9}$ und $b_{0,99}$ die von M aus gerechneten Breiten derjenigen Zonen, die gerade 90% bzw. 99% aller Werte enthalten.

Die Ermittlung dieser Größen ist natürlich von jeder Annahme über eine Verteilungskurve unabhängig. Eine solche Berechnung wurde nun an 3 verschiedenen Glühlampensorten A, B und C durchgeführt, von denen die beiden ersten je 90 Lampen, die letzte 270 Lampen enthielt. Das Ergebnis ist in den ersten drei Spalten der Tabelle 5 in der Form mitgeteilt, daß in der Zeile für s die jeweils gefundenen Werte (in Stunden) angegeben wurden. Bei s_l, $b_{0,5}$, $b_{0,9}$, $b_{0,99}$ ist jedesmal das Verhältnis dieser Größen zu s hingeschrieben:

Tabelle 5.

	Posten A (90 Stck.)	Posten B (90 Stck.)	Posten C (270 Stck.)	bei Gaußscher Verteilung zu erwarten
s	199,4	159	210,7	s
s_l	$0,73 \cdot s$	$0,795 \cdot s$	$0,76 \cdot s$	$0,798 \cdot s$
$b_{0,5}$	$0,55 \cdot s$	$0,53 \cdot s$	$0,60 \cdot s$	$0,675 \cdot s$
$b_{0,9}$	$1,53 \cdot s$	$1,81 \cdot s$	$1,50 \cdot s$	$1,65 \cdot s$
$b_{0,99}$	$2,14 \cdot s$	$2,53 \cdot s$	$2,89 \cdot s$	$2,56 \cdot s$

Wenn man jetzt annehmen könnte, daß die Lampen sich nach einer Gaußschen Kurve verteilen, so wäre nach Abschnitt 3b s identisch mit dem Parameter s der Gaußschen Formel. Ferner liefern die Tabellen und Angaben S. 27 f. für diesen Fall ganz bestimmte Werte für die in unseren Beispielen experimentell ermittelten Zahlen s_l, $b_{0,5}$ usw. ... Diese bei Gaußscher Verteilung theoretisch zu erwartenden Werte sind nun in der letzten Spalte unserer Tabelle 5 hingeschrieben. Wie man sieht, liegen die wirklich gefundenen Werte tatsächlich nahe bei den theoretisch aus der Gaußschen Formel errechneten. Z. B. wurde beim Posten A für die lineare Streuung gefunden $0{,}73 \cdot 199{,}4 = 146$ Stunden, während man bei Gaußscher Verteilung erwarten würde $0{,}798 \cdot 199{,}4 = 159$ Stunden. Oder: Beim Posten B lagen die Grenzen derjenigen Zone, welche 90% aller Lampen enthält, um $1{,}81 \cdot 159 = 288$ Stunden vom Mittel entfernt, während theoretisch $1{,}65 \cdot 159 = 262$ Stunden gefunden wurde. Diese Übereinstimmung ist derart, daß man zunächst zweifelhaft sein kann, ob bei einem derartigen beschränkten Versuchsmaterial überhaupt eine noch bessere Übereinstimmung erwartet werden kann. Ganz sicher ist das Material von 90 Lampen zu gering zur sicheren Bestimmung der Grenzen $b_{0,9}$ und $b_{0,99}$, da hier ja die b-Grenzen so gelegt werden müssen, daß 10 oder sogar nur eine Lampe außerhalb dieser Grenzen liegt. — Bei den empirisch besser begründeten Werten s_l und $b_{0,5}$ machen sich aber immerhin deutliche Abweichungen von der Theorie bemerkbar, in dem Sinne, daß die Gaußsche Verteilung regelmäßig zu große Werte hierfür liefert. Dieses Verhaltn ließ sich aber gerade erwarten auf Grund des in Abb. 8 zum Ausdruck gebrachten Verlaufes einer typischen Verteilungskurve.

Wie dazu im Text ausgeführt wurde, nimmt die in die Abbildung eingezeichnete gestrichelte Gaußsche Kurve keine Rücksicht auf etwa 5% der Lampen, welche an beiden Seiten am Fuß der Verteilungskurve liegen. Wollte man auch diese 5% mit berücksichtigen (wie es ja bei der zahlenmäßigen Berechnung von $\overline{(L - M)^2}$ automatisch geschieht), so hätte man das jener eingezeichneten Kurve zugrundegelegte Streuungsmaß von 170 Stunden auf etwa 196 Stunden zu erhöhen. Man erhielte dann eine Kurve, die den beiden Ausläufern der wirklichen

Verteilung besser gerecht wird, dagegen im mittleren Verlauf merklich breiter sein würde als die praktisch gefundene Verteilungskurve. Das heißt aber nichts anderes, als daß die mit dem Streuungsmaß $s^2 = \overline{(L - M)^2}$ konstruierte Gaußsche Kurve für die Halbwertsbreite $b_{0,5}$ und auch für die lineare Streuung zu große Werte liefern muß. Das ist es aber gerade, was eindeutig aus unserer letzten Tabelle hervorgeht.

Man könnte daran denken, diesen Beobachtungen dadurch Rechnung zu tragen, daß man nicht die quadratische Streuung s der Berechnung zugrunde legt, sondern die lineare Streuung s_l, welche ja ohnehin den Vorzug einfacherer Berechnung hat, und dann von s_l aus ein Streuungsmaß $s' = \dfrac{s_l}{0,798}$ berechnet und nun dieses den weiteren Betrachtungen zugrunde legt. Man würde dann zwar bessere Werte für $b_{0,5}$ erhalten; es ist aber zu vermuten, daß die Grenzen $b_{0,9}$ und $b_{0,99}$ besser durch die zuerst benutzte Methode getroffen werden, da diese Grenzen ja gerade durch die Ausläufer wesentlich in ihrer Lage beeinflußt sind.

Auf jeden Fall erscheint uns aber die in der Tabelle erzielte Übereinstimmung eine ausreichende Grundlage für die Behauptung, daß man bei Glühlampen größere Mengen einer Sorte statistisch näherungsweise so behandeln darf, als ob sie nach einer Gaußschen Kurve verteilt wären [1], und daß die auf dieser Grundlage in den beiden nächsten Abschnitten abzuleitenden Aussagen über die Sicherheit der Feststellung von Qualitätsunterschieden und das Risiko von Abnahmebedingungen zuverlässige Anhaltspunkte für die Praxis darstellen.

d) **Gaußsche Verteilung bei Serienmitteln.** Die zuletzt ausgesprochene Zuversicht wird praktisch zur Gewißheit bei solchen Anwendungen, welche die Gaußsche Verteilung nur für die Serienmittel voraussetzen. Wir haben bisher nur die Verteilungskurve der einzelnen Lampen betrachtet und gesehen, daß in einigen aus der Praxis entnommenen Fällen die Verteilungskurve zwar in grober Näherung durch eine Gaußsche

---

[1] Handelt es sich allerdings um Aussagen über die abnorm kurzlebigen oder die abnorm langlebigen Lampen, so wird man sich nicht auf die Gaußsche Kurve stützen dürfen, da gerade hier die Abweichungen groß sind.

wiedergegeben werden kann, daß aber doch deutliche Abweichungen davon bemerkbar sind. In den untersuchten Fällen machte diese sich speziell dadurch bemerkbar, daß bei Darstellung des mittleren Teiles der Brenndauerkurve durch eine Gaußsche an den Fußpunkten dieser Gaußschen Kurve noch eine über diese hinausgehende Anhäufung von Lampen zu bemerken war, die etwa 5% der Gesamtmenge betrug. (Gaußsche Kurve mit geschwollenen Füßen).

Wir wollen nun anstatt der Brenndauern der einzelnen Lampen die Verteilungskurve der Serienmittel von je n Lampen (kürzer die „Kurve M_k") ins Auge fassen. Dazu haben wir also auf alle mögliche Weise aus der vorgelegten (sehr großen) Lampenmenge Serien zu je n Lampen zu bilden und jedesmal das Serienmittel zu bestimmen. Auf die Weise kann man zum mindesten gedanklich zu einer vorgegebenen Verteilungskurve $W(L)$ eine Verteilungskurve $V_n(M_k)$ der Serienmittel konstruieren, so daß $V_n(M_k)\,dM_k$ die Wahrscheinlichkeit dafür angibt, daß das Mittel einer zufällig herausgegriffenen Serie von n Lampen zwischen M_k und $M_k + dM_k$ liegt. Von dieser Verteilung $V_n(M_k)$ können wir nach den früheren Betrachtungen die quadratische Streuung genau angeben. Ist nämlich s die Streuung der ursprünglichen Verteilung, so ist die Streuung s_s von V_n gegeben durch

$$s_s = \frac{1}{\sqrt{n}}\, s \,.$$

Die Funktion V_n hat nun weiterhin eine ganz allgemeine und für die Anwendbarkeit unserer Methoden fundamentale Eigenschaft, die wir etwa folgendermaßen formulieren können:

Ganz unabhängig von der Gestalt der ursprünglichen Verteilungskurve $W(L)$ (mit dem Mittelwert M und der Streuung s) nähert sich die Verteilung V_n mit wachsendem n immer mehr der Gaußschen Form

$$V_n(M_k) = \frac{1}{s_s \sqrt{2\,\pi}}\, e^{-\frac{(M_k - M)^2}{2\,s_s^2}} \tag{15}$$

wobei $s_s = \frac{1}{\sqrt{n}} s$ ist[1].

---

[1] Vgl. Teil C, S. 109 ff.

Wie groß man n wählen muß, um eine praktisch ausreichende Annäherung an die Gaußsche Kurve zu erhalten, hängt davon ab, wie weit sich die ursprüngliche Verteilung $W(L)$ von einer Gaußschen entfernt.

Da, wie oben gezeigt wurde, bei Glühlampen bereits die Einzellampen eine der Gaußschen ähnliche Verteilungskurve zeigen, so wird bereits bei relativ kleinen Serien (n etwa $= 5$) ein Ausgleich der bei $W(L)$ noch vorhandenen Unregelmäßigkeiten erfolgen. Mit $n = 10$ dagegen schließt sich V_n bereits mit einer alle praktischen Bedürfnisse weit übersteigenden Genauigkeit an die entsprechende Gaußsche Kurve an.

Wenn also von einer Lampenmenge nichts bekannt ist als mittlere Lebensdauer M und quadratische Streuung s, so können wir allein auf Grund dieser beiden Zahlenwerte die Verteilungskurve für Zehnerserien in allen Einzelheiten mit einer praktisch absoluten Genauigkeit angeben.

Ein entsprechendes Gesetz wird überall da gelten, wo es sich um Durchschnittswerte von mehreren Exemplaren einer Gesamtheit handelt, die selbst mit einiger Annäherung nach einer Gaußschen Kurve verteilt ist; je besser diese Annäherung ist; desto geringer kann die Zahl der einzelnen Werte sein, aus denen die Durchschnitte genommen werden.

Wenn wir also in den folgenden Anwendungen mit Gaußscher Verteilung rechnen so bedeutet das nur dort eine Einschränkung, wo Aussagen über Einzelwerte oder sehr kleine Serien gemacht werden. Für Glühlampen insbesondere können von $n = 5$ an die abzuleitenden Formeln als praktisch gültig angesehen werden.

4. Praktische Durchführung.

Wir wollen nun noch einmal kurz zusammenfassen, welche Anweisungen sich aus dem Vorstehenden für die Prüfung einer Menge ergeben.

1. Bestimmung von Mittelwert und Streuung einer Menge an einer Probe von n Exemplaren.

a) Probenahme: Die richtige Auswahl der zu prüfenden n Exemplare ist eine wesentliche und häufig nicht genügend beachtete Vorbedingung für ein zuverlässiges Resultat. Die Vorschrift „in blinder Wahl n Exemplare herauszugreifen" ist keineswegs ausreichend, sobald man die Auswahl nicht persönlich überwachen kann. Es besteht dann immer die Gefahr, daß der beauftragte Arbeiter eine gerade bequem zugängliche Gruppe herausgreift, wodurch die unbedingt zu fordernde gleichmäßige Verteilung der Proben über die zu prüfende Gesamtmenge keineswegs gewährleistet ist. Man muß vielmehr ganz genau vorschreiben, in welcher Weise die Proben zu entnehmen sind. Sollen z. B. aus hundert Kästen 10 Probelampen entnommen werden, so fordere man etwa: eine Lampe aus der 1. Reihe des Kastens 1, eine aus der zweiten Reihe des Kastens 11 usw. Handelt es sich um Proben aus einer laufenden Fabrikation und soll dabei z. B. die Produktion des Monats März durch 10 Lampen kontrolliert werden, so verlange man etwa aus dem Betrieb: eine Lampe am 3. März um 8 Uhr, eine am 6. März um 9 Uhr usw., wobei noch sorgfältig zu überlegen ist, ob die vorgeschriebenen Abstände nicht gerade mit irgendwelchen Perioden des Betriebes (Schichtwechsel, Meisterwechsel oder dgl.) zusammenfallen. Nur eine in diesem Sinne gut durchdachte Probenahme kann ein richtiges Bild der ganzen Menge liefern.

b) Berechnung von Mittelwert und Streuung. Die gemessenen n Zahlenwerte der n Proben seien $L_1, L_2 \ldots L_n$. Aus diesen berechnet man den

$$\text{Mittelwert } M = \frac{L_1 + L_2 + \ldots L_n}{n} \qquad (16)$$

und die

$$\text{Streuung } s = \sqrt{\frac{(L_1 - M)^2 + (L_2 - M)^2 + \cdots + (L_n - M)^2}{n - 1}} \quad (\text{exakt}). \quad (17\,\text{a})$$

Will man die unbequeme Berechnung der Quadrate vermeiden, so kann man statt dessen näherungsweise setzen

$$s = 1{,}25 \cdot \frac{|L_1 - M| + |L_2 - M| + \cdots + |L_n - M|}{n} \quad (\text{annähernd}). \quad (17\,\text{b})$$

Die Näherungsformel (17 b) kann zu falschen Werten führen, wenn die Verteilung der Menge sich sehr weit von der Gaußschen entfernt. Bei der Lebensdauer normaler Glühlampen kann sie nach den Angaben von S. 37 als praktisch ausreichende Näherung angesehen werden.

c) **Genauigkeit der so ermittelten Zahlen M und s.**
Die mittleren Fehler der unter b) bestimmten Zahlen M und s
betragen: $\dfrac{s}{\sqrt{n}}$ für M und $\dfrac{s}{\sqrt{2(n-1)}}$ für s.
Die Angabe dieser mittleren Fehler ist notwendig, sobald
man zwei verschiedene Mengen vergleichen will. Die vollständige Angabe des Resultats muß also lauten

$$\text{Mittelwert} = M \pm \frac{s}{\sqrt{n}}$$
$$\text{Streuung} = s \pm \frac{s}{\sqrt{2(n-1)}}, \tag{18}$$

wo für M und s die nach (16) und (17) ermittelten Zahlen einzusetzen sind. Mit den Zahlen des Beispiels S. 10 erhält man
insbesondere

$$M = 2156 \pm \frac{388}{\sqrt{10}}$$
$$= 2156 \pm 122,3$$
$$s = 388 \pm \frac{388}{\sqrt{2 \cdot 9}}$$
$$= 388 \pm 91,4 \,.$$

Die in Gleichung (18) durch $\pm$ gekennzeichneten Grenzen
geben qualitativ eine Vorstellung von der Zuverlässigkeit der
Werte M und s. Ihre quantitative Bedeutung läßt sich dahin angeben, daß der wirkliche Mittelwert der ganzen Menge und ebenso
ihre wirkliche Streuung mit einer Wahrscheinlichkeit von etwa
68 % innerhalb dieser Grenzen liegt. (Bei Gaußscher Verteilung
wären es genauer 68,2 %.)

d) **Die Anzahl der zur Prüfung erforderlichen Exemplare.** Aus Formel (18) und den Zahlen des angeführten Beispiels geht hervor, daß außer in Fällen mit sehr großer Streuung durch einen derartigen Versuch der Mittelwert M mit einem
viel geringeren prozentischen Fehler behaftet ist als die Streuung s.
Die Anzahl n der zu einem Versuch zu verwendenden Exemplare wird sich daher wesentlich danach richten, ob man nur
eine Kenntnis des Mittelwertes M anstrebt, oder ob zugleich
eine wirkliche Messung von s beabsichtigt ist. Bei $n = 10$ ist
z. B. die Unsicherheit in der Bestimmung von s noch so groß,

daß man bei Prüfung einer normalen Fabrikation unter Umständen in der Fehlergrenze für M statt des berechneten s-
Wertes einen aus früheren Messungen bekannten Durchschnittswert einsetzen kann. Bei Vakuumglühlampen liegt s z. B. nach
unseren Erfahrungen fast immer zwischen 25 und 30% von M;
da nun 10 Lampen zur genaueren Festlegung von s doch nicht
ausreichen, würde man z. B. bei einem Versuch mit nur 10 Lampen mit gutem Grund auf die Berechnung von s überhaupt verzichten können, und wenn sich etwa ein Mittelwert von 983 Stunden
ergeben hat, einfach als Resultat angeben

$$M = 983 \left(1 \pm \frac{0{,}25}{\sqrt{10}}\right) = 983 \pm 78 \text{ Stunden}$$

oder auch (etwas vorsichtiger):

$$M = 983 \left(1 \pm \frac{0{,}30}{\sqrt{10}}\right) = 983 \pm 93 \text{ Stunden}.$$

Hält man sich an den oberen Erfahrungswert $s = 30\%$ von
M für die Streuung, so kann man (18) in der Form schreiben

$$\text{Mittelwert} = M \left(1 \pm \frac{0{,}3}{\sqrt{n}}\right)$$

$$\text{und Streuung} = s \left(1 \pm \frac{1}{\sqrt{2\,(n-1)}}\right).$$

Um beide Werte mit einem mittleren Fehler von 10% nach oben
und unten festzulegen, muß also gelten

$$\text{für } M: \quad \frac{0{,}3}{\sqrt{n}} = \frac{1}{10};$$

d. h. man braucht $n = 100 \cdot 0{,}09 \approx 10$ Lampen,

$$\text{für } s: \quad \frac{1}{\sqrt{2\,(n-1)}} = \frac{1}{10};$$

d. h. man braucht $n = \frac{100}{2} + 1 \approx 50$ Lampen.

Allgemein kann man also die Regel aussprechen, daß zur
Messung der Streuung etwa 5 mal soviel Lampen erforderlich
sind wie zur Messung des Mittelwertes, wenn für beide Zahlen
die gleiche relative Genauigkeit verlangt wird.

e) **Beispiel für Berechnung von Mittelwert und
Streuung bei sehr großen Mengen.**

Es wird zuerst eine Verteilungstafel hergestellt, d. h. der Gesamtbereich, in dem die Werte liegen, wird in gleich große Intervalle geteilt, zweckmäßig etwa 10 bis 12. Es wird dann ausgezählt, wieviel Werte der gegebenen Menge in die einzelnen Intervalle fallen.

Es sei z. B. für die Festigkeit von Stählen eine Verteilungstafel gefunden, die in Kolonnen 1 und 2 der Tabelle 6 wiedergegeben ist. Zur Berechnung des angenäherten Mittelwertes bildet man die Produkte von Kolonne 1 und 2 (Kolonne 3). Man addiert diese und dividiert durch n. Es ergibt sich 37,20 kg/mm².

Tabelle 6.

1	2	3	4	5	6
Intervall-mitte kg/mm²	Anzahl	Produkt Kol.1 × Kol.2	Differenz P − Kol. 1	(Kol. 4)²	Produkt Kol.2 × Kol.5
33	0	0	4	16	0
34	8	272	3	9	72
35	41	1435	2	4	164
36	78	2808	1	1	78
37	112	4144	0	0	0
38	89	3382	− 1	1	89
39	50	1950	− 2	4	200
40	15	600	− 3	9	225
41	6	248	− 4	16	96
42	1	42	− 5	25	25
	400	14881			949 : 400 = 2,37

$$M = \frac{14881}{400} = 37,20 \text{ kg/mm}^2$$

$$P = 37$$

$$-(M-P)^2 = -0,04$$

$$s^2 = 2,33$$

$$s = \sqrt{2,33} = 1,53$$

Für die Berechnung der Streuung sucht man die dem Mittelwert zunächstliegende Intervallmitte $P = 37$; subtrahiert davon die Zahlen der Kolonne 1 (Kolonne 4), bildet die Quadrate dieser Differenzen (Kolonne 5) und die Produkte dieser Quadrate mit den Anzahlen Kolonne 2 (Kolonne 6). Diese werden addiert und durch die Gesamtzahl $n = 400$ dividiert. Hiervon wird $(M - P)^2 = 0,2^2$ subtrahiert, nach der Formel (6)

$$s^2 = (L_s - P)^2 - (M - P)^2$$

(vgl. S. 10). So erhält man s^2 und durch Wurzelziehen s. Die Verteilungstafel ergibt also

$$M = 37,2 \quad \text{kg/mm}^2$$
$$s = \quad 1,53 \, \text{kg/mm}^2.$$

2. Prüfung einer Menge auf Einheitlichkeit (Zufallscharakter eines Seriensystems.)

a) Fragestellung. Die Einheitlichkeit einer Menge kann immer nur in bezug auf ein bestimmtes Einteilungsprinzip untersucht werden; die Fragestellung muß also etwa lauten:

Ist die Fabrikation während einer Reihe von Wochen (oder Monaten, Jahren) gleich geblieben?

oder: Ist die Fabrikation in einer Reihe verschiedener Werkstätten (an verschiedenen Maschinen, oder mittels verschiedener Verfahren) die gleiche?

oder: Ist das Prüfverfahren immer gleichmäßig?

Die möglichen Fragen lassen sich noch auf zahlreiche Arten ergänzen. Je nachdem, welcher Einfluß auf die Ergebnisse untersucht werden soll, ist die Gruppierung der betreffenden Proben vorzunehmen, und die Prüfung so anzuordnen, daß die Proben hinsichtlich aller anderen Einflüsse vollkommen durchmischt sind, da man sonst die Summen der betreffenden Wirkungen erhalten würde.

b) Beispiel. Als Beispiel führen wir zwei Versuche an, bei denen das Vorhandensein von zeitlichen Schwankungen der Fabrikation untersucht werden soll. Bei Versuch A sei die Möglichkeit gleichzeitiger Schwankungen in den Versuchsbedingungen nicht beachtet worden. Es werden aus 8 aufeinanderfolgenden Wochen je 10 Lampen photometriert und sogleich in Brenndauer gegeben. Bei Versuch B wird von jeder Woche ein Posten von 10 Lampen zurückbehalten, bis alle 80 Lampen zusammen sind; dann werden sie gründlich durchmischt, ebenfalls in 8 Serien zu je 10 aufgeteilt und ebenso wie in Versuch A zu verschiedenen Zeiten photometriert und in Brenndauer gesetzt. Erst dieser letztere Versuch erlaubt, den Einfluß der Prüfungsbedingungen von dem der Fabrikationsänderungen zu scheiden.

Nach Feststellung der Prüfungsresultate werden die gefundenen Lebensdauern für beide Versuchsreihen in das S. 13 angeführte rechteckige Schema eingeordnet, wobei die Lebensdauern für Versuch B mit L' bezeichnet seien. (Siehe Tab. 7.)

Tabelle 7.

Versuch A.

1. Serie	2. Serie	3. Serie		8. Serie
L_{11}	L_{21}	L_{31}	$\ldots$	L_{81}
L_{12}	L_{22}	L_{32}	$\ldots$	L_{82}
L_{13}	L_{23}	L_{33}	$\ldots$	L_{83}
.	.	.	$\ldots$	.
.	.	.	$\ldots$	.
.	.	.	$\ldots$	.
.	.	.	$\ldots$	.
$L_{1\,10}$	$L_{2\,10}$	$L_{3\,10}$	$\ldots$	$L_{8\,10}$

Serienmittel: $\quad M_1 \qquad M_2 \qquad M_3 \qquad \ldots \qquad M_8$

Versuch B.

1. Serie	2. Serie	3. Serie		8. Serie
L'_{11}	L'_{21}	L'_{31}	$\ldots$	L'_{81}
L'_{12}	L'_{22}	L'_{32}	$\ldots$	L'_{82}
L'_{13}	L'_{23}	L'_{33}	$\ldots$	L'_{83}
.	.	.	$\ldots$	.
.	.	.	$\ldots$	.
.	.	.	$\ldots$	.
.	.	.	$\ldots$	.
$L'_{1\,10}$	$L'_{2\,10}$	$L'_{3\,10}$	$\ldots$	$L'_{8\,10}$

Serienmittel: $\quad M'_1 \qquad M'_2 \qquad M'_3 \qquad \ldots \qquad M'_8$

Für Versuch A fallen die Serien nach Herstellungszeit mit den Brennserien zusammen; für Versuch B ist das nicht der Fall; die Ordnung sei nach Brennserien vorgenommen.

Jetzt werden für jeden Versuch die folgenden Größen berechnet

1. Die Streuung innerhalb jeder einzelnen Serie

$$s_1{}^2 = \frac{(M_1 - L_{11})^2 + (M_1 - L_{12})^2 + \cdots + (M_1 - L_{1\,10})^2}{10}$$

$$s_2{}^2 = \frac{(M_2 - L_{21})^2 + (M_2 - L_{22})^2 + \cdots + (M_2 - L_{2\,10})^2}{10}$$

$$\cdots\cdots\cdots\cdots\cdots\cdots\cdots\cdots\cdots$$

$$s_8{}^2 = \frac{(M_8 - L_{81})^2 + (M_8 - L_{82})^2 + \cdots + (M_8 - L_{8\,10})^2}{10}$$

(zu berechnen nach dem Schema S. 10) und das Mittel aus diesen 8 Größen

$$s_e^2 = \frac{s_1^2 + s_2^2 + \cdots + s_8^2}{8}.$$

2. Die Streuung s_s der Serienmittel um ihr gemeinsames Mittel M.

Es ist

$$M = \frac{M_1 + M_2 + \cdots + M_8}{8}$$

und die Streuung

$$s_s^2 = \frac{(M - M_1)^2 + (M - M_2)^2 + \cdots + (M - M_8)^2}{8}$$

(wieder nach Schema S. 10).

3. Die Differenz

$$D = s_s^2 - s_e^2 \cdot \frac{k-1}{k(n-1)},$$

wobei n die Zahl der Lampen einer Serie (hier 10), und k die Zahl der Serien (hier 8) bedeutet.

Es mögen sich z. B. die Zahlen der Tabelle 8 ergeben haben:

Tabelle 8.

für Versuch:	A	B
s_e^2	13300	24100
s_s^2	24300	13500
$\dfrac{k-1}{k(n-1)}$	0,097	0,097
folglich D	23010	11162

Der kritische Wert von D, oberhalb dessen auf wirkliche Unterschiede zu schließen ist, beträgt $s_s^2 \sqrt{\dfrac{2}{k-1}} = s_s^2 \cdot 0,53$, also für Versuch A 13000, für Versuch B 7200. In beiden Fällen ist D größer, es sind also wirkliche Unterschiede vorhanden. In Versuch B entstammen diese den Versuchsbedingungen der Prüfung allein; in Versuch A wirken aber Unterschiede der letzteren mit solchen der Herstellung zusammen. Erst die Differenz der beiden D-Werte liefert daher die Unterschiede der Herstellung allein zu 11848. In Brennstunden ausgedrückt beträgt also die mittlere Abweichung

der Versuchsbedingungen $\sqrt{11162} = 105$ Stunden,

der Herstellungszeit $\sqrt{11848} = 108$ Stunden.

Diese letztere Größe hätte man auch aus Versuch B allein ermitteln können, wenn man die Lebensdauern, nachdem die Lampen vollkommen durchmischt gebrannt haben, nachträglich wieder nach der Herstellungszeit geordnet und für das so geordnete Schema die Größe D berechnet hätte. Der Versuch A wäre also entbehrlich gewesen, da er zweierlei Einflüsse miteinander vermischt.

Wenn man die Lebensdauern aus Versuch B nochmals durcheinandermischt und in ein rechteckiges Schema ordnet, bei dem die Serien weder mit den Brenngruppen noch mit den Herstellungsgruppen zusammenfallen, so müssen sich Zufallsserien ergeben und ein D-Wert, der kleiner ist als $s_s^2 \cdot \sqrt{\dfrac{2}{k-1}}$. Als dies an den Zahlen des obigen Versuchs durchgeführt wurde, ergab sich

$$s_e^2 = 33620$$
$$s_s^2 = 3980$$
$$D = 710$$

während der kritische Wert $3980 \cdot 0{,}53 = 2130$ beträgt. D ist also in der Tat erheblich kleiner. In Brennstunden betragen die zufälligen Schwankungen $\sqrt{710} = 27$ Stunden.

II. Vergleich zweier Mengen auf Grund zweier Proben.

1. Allgemeine Behandlung.

Neben der laufenden Fabrikationskontrolle besteht eine wichtige Aufgabe der statistischen Untersuchung in der Erledigung von Fragen folgender Art: Es seien z. B. zwei Lampensorten A und B der gleichen Type vorgelegt. Es soll durch Bestimmung der absoluten Brenndauer entschieden werden, welche von beiden Sorten besser ist.

Zur Erledigung dieser Aufgabe wird man von jeder Lampensorte eine bestimmte Anzahl n herausgreifen und in Brenndauer geben. Die mittlere Lebensdauer dieser n Lampen wird man als Maß der Qualität ansehen. Die Entscheidung, ob diejenige Sorte, welche bei diesem einen Versuch die größere Lebensdauer zeigte, wirklich als besser zu bezeichnen ist, wird in hohem Maße durch die starken Schwankungen der Versuchsergebnisse erschwert. Im folgenden soll untersucht werden, mit welcher Sicherheit aus einem derartigen Versuch auf einen wirklichen Qualitätsunterschied der beiden Sorten geschlossen werden kann.

Die Schwankungen, welche die Entscheidung erschweren, sind zweierlei Art:

1. Die natürlichen Schwankungen, hervorgerufen durch die ungleichmäßige Qualität jeder Fabrikationsserie sowie durch eine gewisse Ungenauigkeit der Versuchsbedingungen. Derartige Schwankungen s sind durch den heutigen Stand der Fabrikation und der Versuchsmethodik wesentlich bedingt. Man muß demnach stets mit ihrem Vorhandensein rechnen.

2. Systematische Fehler, welche insbesondere entstehen durch falsche Probenahme (schlechte Durchmischung der Sorten) oder durch systematische Fehler bei der Photometrierung (falsche Einstellung der Photometerlampe oder der Meßinstrumente). Derartige Fehler lassen sich durch verschärfte Kontrolle vermeiden. Im folgenden soll angenommen werden, daß nur die natürlichen Schwankungen bei den Versuchen in Frage kommen.

Die in diesem Abschnitt zu behandelnde Fragestellung wollen wir nun folgendermaßen präzisieren:

Gegeben seien zwei Lampenhaufen A und B. Es seien M_a und M_b die mittleren Lebensdauern der Sorten A und B, s_a und s_b die quadratischen Streuungen der aus A bzw. B zu entnehmenden Proben. Wir wollen es zunächst offen lassen, ob der Vergleich durch Entnahme je einer Lampe oder von Serien zu je n Lampen durchgeführt wird, und verstehen daher weiterhin unter dem Wort „Exemplare" je nach Art des Versuchs eine einzelne Lampe oder eine Serie von n Lampen. Demnach bedeuten also die Größen s_a und s_b, im Falle einzelne Lampen gewählt werden, die früher mit s_g oder auch nur s bezeichnete Streuung einzelner Lampen; wenn aber das „Exemplar" eine Serie von n Lampen ist, so ist unter s_a und s_b die Streuung s_s

der Serienmittel aller solchen Serien gemeint, die, wie in Abschnitt I, 1 erwähnt, im Verhältnis $1 : \sqrt{n}$ kleiner ist als das s für Einzellampen. Ferner sei $D = M_b - M_a$ die Stundenzahl, um die B im Durchschnitt länger lebt als A. D ist also der wirkliche Qualitätsunterschied. Er ist positiv oder negativ, je nachdem ob B im Mittel länger oder kürzer lebt als A.

Nun nehmen wir eine Probe von jeder der beiden Sorten A und B. Für diese Probe mögen sich speziell die Lebensdauern L_a und L_b ergeben. Wir bezeichnen mit $\delta = L_b - L_a$ den bei einer einzelnen derartigen Prüfung erhaltenen Unterschied zwischen den beiden herausgegriffenen Exemplaren.

Zur Veranschaulichung seien in Abb. 13 die Verteilungskurven A und B schematisch dargestellt. D ist der Abstand der Schwerpunkte M_a und M_b beider Kurven voneinander, δ dagegen der Abstand von irgend zwei Punkten L_a und L_b, welche bei einem speziellen Versuch gerade herausgegriffen

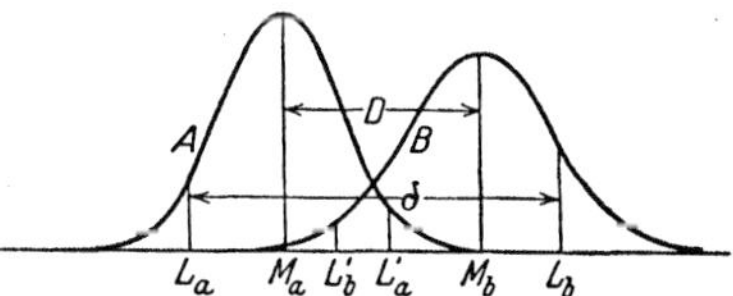

Abb. 13. Verteilungskurven zweier Sorten.

wurden. D und δ sollen, wie ausdrücklich betont sei, nicht nur der Größe, sondern auch dem Vorzeichen nach durch $M_b - M_a$ bzw. $L_b - L_a$ gegeben sein.

Offenbar ist nun bei positivem D die Wahrscheinlichkeit für ein positives δ bei der Probenahme größer als diejenige für ein negatives. (Letzteres würde man erhalten, wenn man etwa die in der Abbildung angegebenen Werte L_b' und L_a' miteinander kombiniert.)

Wir haben nun zwei grundverschiedene statistische Fragestellungen zu unterscheiden, je nachdem, ob D oder δ als vorgegeben zu betrachten ist.

1. D vorgegeben. Der wirkliche Qualitätsunterschied der Lampen sei also bekannt. Gefragt ist nach der Wahrscheinlichkeit $V(D, \delta)\,d\delta$ dafür, daß bei einer Probenahme sich ein zwischen δ und $\delta + d\delta$ liegender Unterschied ergibt. Eine wichtige Spezialisierung dieser Fragestellung erhält man, wenn man sich nur für das Vorzeichen von δ interessiert, wenn man also nur nach der Wahrscheinlichkeit $U(D)$ dafür fragt, daß bei positivem D auch die Probenahme ein positives δ ergibt.

Diese Wahrscheinlichkeit ergibt sich aus $V(D, \delta)$ durch Integration nach δ von 0 bis ∞, also

$$U(D) = \int\limits_0^\infty V(D, \delta)\, d\delta.$$

Wenn ich also weiß, daß B um den Betrag D besser ist als A, so gibt mir $U(D)$ die Wahrscheinlichkeit dafür, daß bei einer einzelnen Prüfung die aus B entnommene Probe sich als besser erweist als die aus A entnommene Probe.

2. δ vorgegeben. Das bedeutet also, daß ich bei einem Vergleichsversuch den Unterschied δ zwischen zwei Proben festgestellt habe, während über den wirklichen Unterschied D der beiden Sorten zunächst gar nichts bekannt ist. Die wahren Mittelwerte M_a und M_b der beiden Sorten sollen also völlig unbekannt sein. Dagegen müssen wir annehmen, daß die Funktionen, welche die Verteilung der Sorten um ihre unbekannten Mittelwerte angeben, auch jetzt bekannt sind. Diese Annahme bedeutet für die spätere praktische Anwendung nur dann eine Einsckränkung, wenn man Grund hat, bei einer der Sorten eine gänzlich abnorme Streukurve zu erwarten. Wenn ich nun auf Grund des gefundenen δ-Wertes behaupte, daß der wirkliche Unterschied der beiden Sorten zwischen den Werten D und $D + dD$ liegt, so besteht offenbar eine gewisse Wahrscheinlichkeit $V'(D, \delta)\, dD$ dafür, daß diese Behauptung richtig ist. Es läßt sich nun beweisen (siehe Teil C, S. 101 ff.), daß alsdann die beiden Funktionen V und V' identisch sind, d. h. es existiert eine Funktion $V(D, \delta)$ mit den folgenden zwei Eigenschaften:

1. Sind zwei Lampensorten von der wirklichen Qualitätsdifferenz D vorgelegt, so mißt $V(D, \delta) \cdot d\delta$ die Wahrscheinlichkeit, daß bei einer Probenahme aus beiden Sorten ein zwischen δ und $\delta + d\delta$ liegender Unterschied gefunden wird.

2. Hat sich bei einer einmaligen Prüfung von zwei völlig unbekannten Lampensorten ein Unterschied δ herausgestellt, so besteht die Wahrscheinlichkeit $V(D, \delta)\, dD$ dafür, daß der wirkliche Qualitätsunterschied beider Lampensorten zwischen D und $D + dD$ liegt.

Als Spezialisierung dieser Sätze folgt unmittelbar:

1a. Haben zwei Lampensorten den wirklichen Qualitätsunterschied D, wo nun D eine positive Größe sein soll, so besteht die Wahrscheinlichkeit

$$U(D) = \int_0^\infty V(D, \delta)\, d\delta \qquad (19\,\mathrm{a})$$

dafür, daß bei einer Probenahme die der besseren Lampensorte entnommene Probe sich auch wirklich als die bessere erweist.

1b. Hat sich bei einer Probenahme aus zwei Sorten der positive Unterschied δ ergeben, so besteht die Wahrscheinlichkeit

$$U'(\delta) = \int_0^\infty V(D, \delta)\, dD \qquad (19\,\mathrm{b})$$

dafür, daß diejenige Sorte, aus welcher die bessere Probe entstammte, auch wirklich die bessere ist.

Zur Berechnung der Funktion $V(D, \delta)$ ist nun eine bestimmte Annahme über die Verteilungskurve notwendig. Legt man die Gaußsche Verteilung zugrunde, so ergibt sich als mathematischer Ansdruck für diese Funktion

$$V(D, \delta) = \frac{1}{s\sqrt{2\pi}}\, e^{-\frac{(D-\delta)^2}{2s^2}}, \qquad (20)$$

wo $s^2 = s_a{}^2 + s_b{}^2$, also die Summe der quadratischen Streuungen der beiden Sorten ist. (Ableitung siehe S. 101 ff.) Entsprechend erhält man für die Funktionen

$$U(D) = \frac{1}{2}\left[1 + \varPhi\left(\frac{D}{\sqrt{2}\,s}\right)\right] \qquad (21\,\mathrm{a})$$

und

$$U'(\delta) = \frac{1}{2}\left[1 + \varPhi\left(\frac{\delta}{\sqrt{2}\,s}\right)\right], \qquad (21\,\mathrm{b})$$

wenn man unter $\varPhi$ das schon S. 26 erwähnte Gaußsche Fehlerintegral $\varPhi(y) = \dfrac{2}{\sqrt{\pi}}\displaystyle\int_0^y e^{-x^2}\, dx$ versteht. Damit ist die zu Anfang dieses Abschnittes aufgeworfene Frage insoweit vollkommen und zahlenmäßig beantwortet, als man annehmen darf, daß beide Sorten der Gaußschen Verteilung folgen, und daß durch s^2 die Summe der Streuungsquadrate der in den Haufen A und B enthaltenen Exemplare gegeben ist. Für sehr kleine Werte δ bzw. sehr große Streuungen s wird $\varPhi$ nahezu 0 und $U'(\delta)$ demnach nur unwesentlich größer als $\frac{1}{2}$. D. h. in diesem Fall ist die Wahrscheinlichkeit, daß meine auf Grund des Vorzeichens von δ getroffene Beurteilung der Qualität richtig ist, nur ganz wenig größer als 50%. Das bedeutet aber, daß ich mir den Versuch hätte sparen können, denn eine Wahrscheinlichkeit von 50% für die Richtigkeit meines Urteiles hätte ich auch bereits durch einfaches Raten (oder Abzählen an den Knöpfen) erreichen können.

2. Zahlenmäßige Anwendung der Formel.

Um die abgeleitete Formel im einzelnen Falle anzuwenden, kann die Tabelle S. 118 für die Funktion $\Phi\left(\dfrac{x}{\sqrt{2}}\right)$ benutzt werden. Wenn die Streuung der Einzelwerte beider Mengen durch s_1 gegeben ist, so ist die Streuung für eine aus n Lampen bestehende Probe nach dem $\sqrt{n}$-Gesetz $s_a = s_b = \dfrac{s_1}{\sqrt{n}}$, demnach die in den Formeln für U und U' auftretende Größe

$$s = \sqrt{s_a{}^2 + s_b{}^2} = \frac{s_1 \sqrt{2}}{\sqrt{n}}.$$

Ist bei je einer solchen Probe aus beiden Haufen ein Unterschied der mittleren Lebensdauern δ gefunden, so sucht man $\dfrac{\delta}{s}$ in der genannten Tabelle auf, findet $\Phi\left(\dfrac{\delta}{\sqrt{2}\,s}\right)$ und berechnet hieraus $U' = \tfrac{1}{2}[1 + \Phi]$.

Für den Fall, daß die Streuung s_1 zu 0,3 M angenommen wird, kann noch bequemer die in Abb. 14 gegebene graphische Tafel benutzt werden, aus der die Ablesung von Φ ohne jede Rechnung möglich ist. Man sucht auf der Abszissenachse den Wert von δ in % von M ausgedrückt, auf der Ordinatenachse die Zahl n der geprüften Lampen auf. Man bestimmt den durch diese beiden Koordinaten festgelegten Punkt der Ebene und liest auf der hindurchlaufenden schrägen Geraden den Wert von Φ ab. Falls keine Gerade den Punkt trifft, so interpoliert man zwischen den beiden nächst benachbarten.

1. Beispiel: Zum Vergleich von zwei Lampensorten, deren mittlere Streuung 30% beträgt, wurden aus jeder der beiden Sorten 10 Lampen entnommen und die mittlere Brenndauer dieser beiden Serien bestimmt. Dabei hat sich für die eine

Serie eine Lebensdauer von 1200 Stunden und für die andere eine Lebensdauer von 1000 Stunden ergeben, also ein Unterschied von 20%. Aus dem Kurvenblatt liest man für $n = 10$ und $\delta/M = 20\%$ für Φ einen Wert von 86% ab. Daraus er-

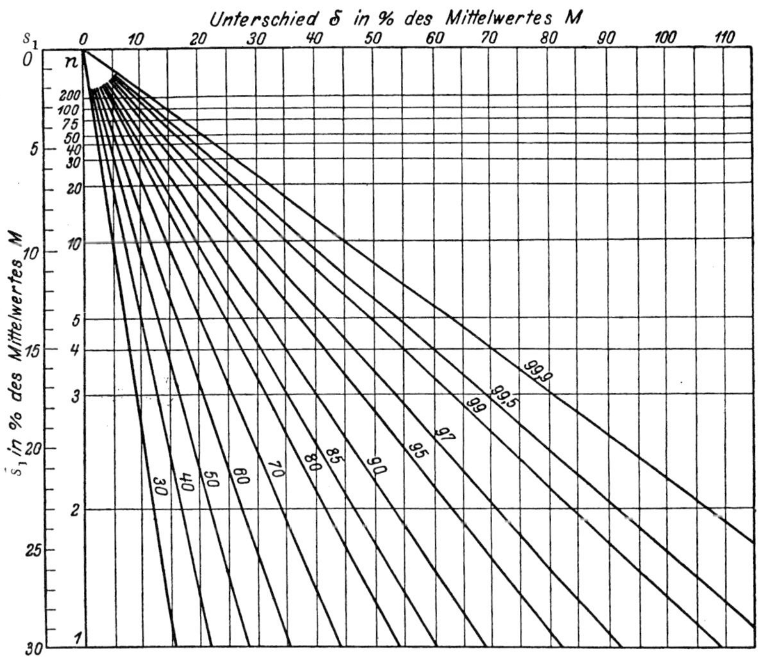

Abb. 14. Tafel für $\Phi\left(\dfrac{\delta}{2\,s_1}\right)$ und $\Phi\left(\dfrac{\delta\,\sqrt{n}}{2\cdot 0,3}\right)$.

gibt sich nach unserer Formel eine Wahrscheinlichkeit von
$$100\,U = \tfrac{1}{2}(100 + 86) = 93\%$$
dafür, daß diejenige Lampensorte, aus welcher die Probe mit 1200 Brennstunden stammte, wirklich die bessere ist. Das bedeutet anschaulich: Wenn ich etwa eine Prüfstation zu leiten habe und täglich eine große Anzahl von Lampensorten miteinander vergleichen muß, in der Weise, daß ich immer von jeder

4*

Sorte eine Zehnerserie zur Prüfung entnehme, so kann ich mir aus meinem Protokollbuch alle diejenigen Fälle herausschreiben, in welchen ich auf Grund eines gefundenen Unterschiedes von 20 % die eine Sorte für besser erklärt habe als die mit ihr zu vergleichende. Unser Ergebnis besagt nun, daß bei einer mittleren Streuung der Lampen von 30 % von den so gefällten Urteilen 93 % richtig und 7 % falsch waren, daß also unter diesen Urteilen im ganzen 7 % Fehldiagnosen zu erwarten sind.

2. Beispiel: Bei einem anderen Vergleich seien nur fünf Lampen von jeder Sorte ausgewählt. Die Mittelwerte der beiden Serien liegen bei 500 und 540 Stunden. Der gefundene Unterschied beträgt also 8 %. Für diesen Wert erhält man aus der Abbildung für Φ etwa 35 %, also für die Wahrscheinlichkeit $U = \frac{1}{2}(100 + 35) = 67{,}5$ %. In diesem Fall ist also die Wahrscheinlichkeit einer Fehldiagnose 32,5 %, so daß von einer sicheren Qualitätsunterscheidung der beiden Sorten nicht mehr die Rede sein kann.

3. Beispiel: 2 Maschinen A und B sollen bezüglich des Prozentsatzes an Ausschuß, den sie liefern, verglichen werden. A hat an 20 Tagen im Durchschnitt 3,6 % Ausschuß geliefert, B 4,2 %. Die Streuung der Ausschußprozente einzelner Tage betrug 1,5 %. Mit welcher Wahrscheinlichkeit kann man schließen, daß die Maschine A besser ist? Wir haben $\delta = 0{,}6$ %,

$$s = 1{,}5 \cdot \frac{\sqrt{2}}{\sqrt{20}} = 0{,}48 \text{ \%, also } \frac{\delta}{s} = 1{,}26. \text{ Nach der Tabelle S. 118}$$

entspricht dem ein Wert von $\Phi = 0{,}79$. Es besteht also eine Wahrscheinlichkeit von $\frac{1}{2}(1 + 0{,}79) = 0{,}895$ oder 89,5 % dafür, daß die Maschine A besser ist.

3. Begriff der Sicherheit.

Für die Praxis besteht das Bedürfnis, den Begriff der Sicherheit bei Feststellung von Qualitätsunterschieden möglichst exakt zu definieren. In dem vorhergehenden Abschnitt wurde absichtlich nur von Wahrscheinlichkeit gesprochen. Wenn ich z. B. nur mit einer Wahrscheinlichkeit von 50 % behaupten kann, daß eine Sorte B besser ist als A, so wird man die Sicherheit eines solchen Urteiles gleich Null setzen; denn eine Richtigkeit von 50 % Wahrscheinlichkeit ist ja gleichbedeutend mit absoluter Unsicherheit. Von einer gewissen, wenn vielleicht auch nur sehr geringen Sicherheit des Urteils kann man also überhaupt erst dann reden, wenn die Wahrscheinlichkeit 50 % übersteigt, d. h. aber daß erst der Überschuß, welchen die Wahrscheinlichkeit über 50 % zeigt, ein dem natürlichen Gefühl entsprechendes Maß für die Sicherheit des Urteiles bilden kann. Wenn man sich dieser Auffassung anschließt, so kann die Definition des Begriffes „Sicherheit" eigentlich nur so lauten:

$$\text{Sicherheit} = 2 \cdot (\text{Wahrscheinlichkeit} - 50)$$

oder mit Abkürzung

$$S = 2 \cdot (U - 50), \tag{22}$$

wobei natürlich die Werte von S und U in Prozenten ausgedrückt zu denken sind. Bei dieser Festsetzung entspricht also der Wahrscheinlichkeit $U = 50 \%$ die Sicherheit $S = 0$ und der Wahrscheinlichkeit $U = 100 \%$ die absolute Sicherheit $S = 100 \%$. Für ein Urteil, dessen Wahrscheinlichkeit kleiner als 50 % ist, würde S eine negative Größe werden. Eine negative „Sicherheit" bedeutet also eine Wahrscheinlichkeit dafür, daß das Urteil falsch, also sein Gegenteil richtig ist. Aus der Sicherheit S berechnet sich die Wahrscheinlichkeit nach der Formel $U = \frac{1}{2}(100 + S)$. Es zeigt sich also, daß S identisch ist mit der in den Formeln auftretenden Größe Φ. Die Definition von S läßt sich auch folgendermaßen ausdrücken:

Beträgt die Sicherheit eines Urteils $S \%$, so besteht die Wahrscheinlichkeit $50 + \frac{S}{2}$ dafür, daß das Urteil richtig ist, und $50 - \frac{S}{2}$ dafür, daß das Urteil falsch ist.

Die für die Praxis fundamentale Frage, mit welcher Sicherheit man sich bei einer Prüfung zufrieden geben soll, welche in unserem Falle darauf hinausläuft, wieviel Lampen man zur Feststellung eines Qualitätsunterschiedes zu verwenden hat, läßt sich natürlich in keiner Weise allgemein beantworten. Es kommt da jedesmal auf die Absicht an, in welcher der Vergleich ausgeführt wird, und auf die praktischen Konsequenzen, welche ein Fehlurteil mit sich bringt. Erst nach sorgfältiger Abwägung dieser speziellen Gesichtspunkte kann man sich im Einzelfalle darüber schlüssig werden, ob man für den Versuch eine Sicherheit von 80%, 90% oder 99% verlangen will.

Für eine erste Orientierung kann man sich vielleicht an die von der Fehlertheorie nahegelegte Auffassung halten, daß man zwei Resultate dann als wirklich verschieden ansieht, wenn sie sich mit ihren mittleren Fehlern nicht überschneiden. Diese Auffassung würde eine Sicherheit von etwa 85% verlangen. Wir schlagen daher vor, diese **Grenze von 85% als Mindestsicherheit** für begründete Aussagen zu betrachten. Sobald hingegen von der Beurteilung wichtigere Entscheidungen abhängen, muß man sich darüber klar sein, daß bei dieser Grenze die Wahrscheinlichkeit eines Fehlurteils immer noch $7^1/_2$% ist, d. h. also etwa ebenso groß wie die, aus einer Urne mit 13 weißen und einer schwarzen Kugel die schwarze zu greifen.

Eine bedeutende Verschärfung der Anforderungen erhält man, wenn man verlangt, daß sich bei zwei aufeinanderfolgenden Versuchen jedesmal dieselbe Sorte als die bessere erweisen soll, und zwar mit einem solchen Unterschiede, daß sich die mittleren Fehler nicht überschneiden. Die beiden Versuche entsprechen zusammen einem Versuch mit der doppelten Probenzahl. Da nun die Sicherheit der in den Formeln (21) auftretenden Größe Φ gleich ist, so ist das Argument dieser Funktion $\sqrt{2}$-mal größer zu machen als für den einzelnen Versuch. Fordern wir nun, daß sich beide Male die mittleren Fehler nicht überschneiden, so ergibt sich für jeden Versuch einzeln $\frac{\delta}{s_1} > 2$, also nach der Tabelle S. 118 $S > \Phi(1) = 0{,}85$. Dann folgt aus beiden Versuchen zusammen, daß mit einer Sicherheit von mehr als $S = \Phi\left(\sqrt{2}\right) = 0{,}954$ auf das wirkliche Bestehen eines Unterschiedes im beobachteten Sinne geschlossen werden darf, eine Sicherheit, die der Gewißheit praktisch schon sehr nahe kommt.

4. Praktische Durchführung.

Man bestimmt nach den Vorschriften von I. 4. S. 38 ff. zunächst Mittelwert und Streuung von jeder Menge einzeln an je einer Probe von n Exemplaren. Diese Prüfung ist nach Möglichkeit gleichzeitig an der gleichen Stelle und nach Durchmischung der vorher gekennzeichneten Proben vorzunehmen, damit das Resultat durch etwa vorhandene systematische Fehler in der Prüfmethodik nicht beeinflußt wird. Dabei habe sich ergeben:

	Mittelwert	Streuung
Erste Menge	$M_1 \pm m_1$	$s_1 \pm \sigma_1$,
Zweite Menge	$M_2 \pm m_2$	$s_2 \pm \sigma_2$.

Von einer wirklichen Verschiedenheit der beiden Mengen hinsichtlich M und s wird man dann sprechen können, wenn die so ermittelten Fehlergrenzen sich nicht überschneiden. Liegt z. B. M_2 über M_1, so kann man daraus nur dann auf einen wirklichen Qualitätsunterschied schließen, wenn

$$M_2 - M_1 \geqq m_1 + m_2,$$

d. h. wenn der gefundene Unterschied $M_2 - M_1$ größer ist als die Summen der mittleren Fehler. Genau das gleiche gilt für die Streuung: nur wenn

$$s_1 - s_2 \geqq \sigma_1 + \sigma_2$$

ist, kann man mit einiger Sicherheit behaupten, daß die Menge 2 wirklich stärker streut als die Menge 1.

Für die Richtigkeit dieses Urteils besteht nach den Überlegungen der vorangehenden Abschnitte eine Wahrscheinlichkeit von 92 %, oder eine Sicherheit von 85 %. D. h. das Risiko einer Fehldiagnose beträgt bei den hier angegebenen Grenzen etwa 8 %.

Hinsichtlich der erforderlichen Anzahl von Exemplaren gilt bei Glühlampen nach den Überlegungen von S. 39 f.: Um einen Unterschied von 10 % der mittleren Brenndauer noch mit der so definierten Sicherheit zu erkennen, braucht man 40 Lampen von jeder Sorte; um dagegen einen Unterschied von 10 % in der Streuung zu konstatieren, sind 200 Lampen erforderlich.

Wird eine größere Sicherheit verlangt, so ist der beschriebene Versuch zu wiederholen. Fällt auch das zweitemal

$$M_2 - M_1 \geqq m_1 + m_2$$

aus, so ist die Sicherheit des Urteils, daß die Menge 1 die bessere ist, nunmehr größer als 95,4 %, die Wahrscheinlichkeit also größer als 97,7 %. Ist dagegen das zweitemal

$M_2 - M_1 < m_1 + m_2$, so liegt die Sicherheit zwischen 85 % und 98,7 %. Bei strengen Anforderungen an die Sicherheit, d. h. wenn viel von der Entscheidung abhängt, wird man in diesem Fall kein Urteil fällen dürfen, der fragliche Unterschied ist nicht „mit Sicherheit" nachgewiesen. Erst recht ist dies der Fall, wenn sich etwa beim zweiten Versuch die andere Sorte als die bessere erwiesen hat. Es ist Sache der Betriebs- oder Versuchsvorschriften, je nach der Bedeutung des Gegenstandes die Anforderungen an die Sicherheit festzusetzen. Genügt eine Sicherheit von 85 %, so war der zweite Versuch nicht erforderlich; genügt sie nicht, so müssen Mengen, deren Unterschied sich nicht mit größerer Sicherheit erweisen läßt, als gleich angesehen werden.

III. Zusammenhang zweier Eigenschaften oder Korrelation.

Es kann ferner vorkommen, daß der Einfluß irgendeiner beobachteten Eigenschaft eines Fabrikats auf eine andere Eigenschaft untersucht werden soll, z. B. der Einfluß der Dichte auf die Brinellhärte, der Zusammenhang von Festigkeit und Magnetisierbarkeit oder anderes mehr. Wenn eine der betreffenden Eigenschaften willkürlich hervorgerufen werden kann, so würde man zu diesem Zweck am besten einen Vergleich von zwei Sorten von Exemplaren anstellen, bei denen diese Eigenschaft möglichst verschieden stark auftritt. Es ist aber für die Feststellung des Zusammenhanges nicht notwendig, daß sich die Eigenschaft willkürlich hervorrufen läßt; man kann vielmehr auch an bereits fertig vorliegendem Material, bei dem die betreffenden Eigenschaften in lauter verschiedenen Graden vorkommen, das Vorhandensein eines Zusammenhanges oder einer „Korrelation" zwischen diesen Eigenschaften feststellen.

Einen Überblick liefert schon das folgende einfache graphische Verfahren. Es sei z. B. der Zusammenhang von Dichte und Härte an Zementen zu untersuchen. Man trägt auf einer der Achsen eines Koordinatensystems, z. B. der Abzissenachse, die Dichte, auf der anderen Achse die Härte auf. Jeder untersuchte Zement entspricht dann nach seiner Dichte und Härte einem ganz bestimmten Punkte des Feldes. Wenn das Material nicht zu umfangreich ist, so kann man die sämtlichen Zemente durch entsprechende Punkte eintragen. Ist die Zahl der Proben zu groß, oder kommen insbesondere vielfach dieselben Zahlwerte für Dichte und Härte vor, so daß mehrere Punkte aufeinander fallen würden, so teilt man zweckmäßiger die Koordinatenebene in kleine rechteckige Felder ein und schreibt in jedes Feld die Zahl der in sein Inneres entfallenden Punkte, wobei die Grenzen der Felder immer in derselben Weise, z. B. dem rechts oder darüber liegenden Felde zugerechnet werden. Wenn nun eine Korrelation zwischen den beiden auf den Achsen dargestellten Eigenschaften besteht, so müssen sich die Punkte in einer Diagonalrichtung des Feldes häufen, und zwar bedeutet die eine Diagonalenrichtung, daß ein Zunehmen der Dichte auch größere Härte bedingt (positive Korrelation), die andere würde bedeuten, daß die Härte mit zunehmender Dichte abnimmt (negative Korrelation). Wenn sich die Schar der Punkte unregelmäßig über das ganze Feld verteilt, so ist zu schließen, daß kein Zusammenhang vorliegt; ebenso auch wenn die Punkte einen Fleck von etwa kreisförmiger Symmetrie ausfüllen. Bilden die Punkte ein langgestrecktes Oval, dessen Längsachse einer der beiden Achsen parallel ist, so ist ebenfalls keine merkliche Korrelation vorhanden; eine solche Verteilung der Punkte würde ja in eine kreisförmige übergehen, wenn man nur den Maßstab der einen Achsenteilung in geeigneter Weise veränderte. Sobald jedoch ein längliches Gebilde mit schräger Längsachse vorliegt, so besteht eine Korrelation im oben angegebenen Sinne, und zwar ist sie um so ausgesprochener, je schmaler die Punktschar sich längs der schrägen Achse zusammendrängt oder — bei der Darstellung durch Zahlenfelder — je schneller die Zahlen quer zur Längsachse abnehmen.

Dieser anschauliche Überblick, bei dem die Stärke des Zusammenhanges der beiden Eigenschaften sich naturgemäß nur gefühlsmäßig abschätzen läßt, kann nun durch eine etwas exaktere zahlenmäßige Behandlung ergänzt werden.

Wir wollen die beiden Eigenschaften jetzt als Eigenschaften A und B bezeichnen, um die rechnerische Behandlung übersichtlicher zu gestalten. Die breitere oder schmälere Zusammendrängung der Punkte ist durch die Streuung der A und B wesent-

lich mit beeinflußt; um davon unabhängig zu sein, empfiehlt
es sich daher, für jede der beiden Eigenschaften A und B ihre
eigene Streuung s_a bzw. s_b als Maß einzuführen. Macht man
in der Zeichnung die Einheit der A-Achse gleich s_a, die der
B-Achse gleich s_b, so erreicht man, daß die Punktschar in
beiden Koordinatenrichtungen durchschnittlich die gleiche Ausdehnung annimmt, die Diagonale, die im Falle einer Korrelation die Längsachse bilden müßte, also unter 45^0 verläuft.
Wir bilden nun das Mittel M_a aller A-Werte und ebenso das
Mittel M_b der B-Werte, und suchen den diesen beiden Koordinaten entsprechenden Punkt M auf, der in der Mitte der
ganzen Punktschar liegt. Durch diesen Punkt sei ein neues
Koordinatensystem gelegt, in bezug auf das jeder Punkt durch
die Abweichungen seines A- und B-Wertes von dem entsprechenden Mittelwert gekennzeichnet ist, also durch

$$\frac{A - M_a}{s_a} = \frac{a}{s_a} \quad \text{und} \quad \frac{B - M_b}{s_b} = \frac{b}{s_b}.$$

Als Maß der Korrelation kann man dann zweckmäßig den
Mittelwert des Produktes $\frac{a}{s_a} \cdot \frac{b}{s_b}$ benutzen; man bezeichnet diese
Größe als Korrelationskoeffizient

$$r = \frac{1}{N} \frac{a_1 b_1 + a_2 b_2 + \cdots + a_N b_N}{s_a \, s_b} = \frac{\overline{a\,b}}{s_a \, s_b}, \tag{24}$$

wo N die Zahl der Punkte ist.

Die Größe $\frac{a\,b}{s_a\,s_b}$ ist nämlich für Punkte in den Quadranten
rechts oben und links unten von M positiv, in den beiden
anderen negativ, und zwar nimmt sie die größten positiven
bzw. negativen Werte bei gleicher Entfernung von M jeweils
auf den beiden Diagonalen an. Wenn daher die Punkte ganz
unregelmäßig verteilt liegen, so heben sich die $a \cdot b$ im Mittel
gegenseitig auf und wir haben

$$r = 0.$$

Wenn aber eine vollkommene Korrelation vorhanden ist, d. h.
wenn alle Punkte z. B. auf der positiven Diagonale liegen, so
wäre für jeden Punkt $\frac{a}{s_a} = \frac{b}{s_b}$, und daher

$$r = \frac{1}{N} \frac{a_1^2 + a_2^2 + \cdots + a_N^2}{s_a^2} = 1,$$

da $s_a{}^2 = \overline{a^2}$. Entsprechend ergibt sich für die negative Diagonale $r = -1$. In allen Fällen unvollständiger Korrelation liegt r zwischen 0 und 1 und kann als Maß für die Enge der Beziehung zwischen den Eigenschaften A und B benutzt werden.

Als Beispiel untersuchen wir die Korrelation zwischen der Lebensdauer hoch belasteter und niedrig belasteter Lampen derselben Fabrikationsserien. Als Individuen gelten hier also nicht einzelne Lampen, da man dieselbe Lampe nicht bei zwei Belastungen ausbrennen lassen kann, sondern aus gleichem Drahtmaterial hergestellte Serien, die zur Hälfte hoch, zur Hälfte niedrig belastet gebrannt wurden; als Zahlwerte der Eigenschaften A und B gelten also die Mittelwerte der Lebensdauern der hoch und der niedrig belasteten Serienhälften.

Zugrunde gelegt wurden 21 Serien. Tabelle 9 gibt in Spalte 1 die Mittelwerte der niedrig belasteten Serienhälften, in Spalte 2

Tabelle 9.

L_a	L_b	a	b	$a\,b$
3181	1907	$+\ 657$	$+771$	$+507\cdot10^3$
4784	1465	$+2260$	$+329$	$+743$
2924	1638	$+\ 400$	$+502$	$+201$
2004	878	$-\ 520$	-258	$+134$
2293	1604	$-\ 230$	$+468$	-108
3799	866	$+1275$	-270	-344
2808	1501	$+\ 284$	$+365$	$+104$
1781	833	$-\ 743$	-303	$+225$
2590	1307	$+\ \ 66$	$+171$	$+\ \ 11$
2755	1274	$+\ 231$	$+138$	$+\ \ 32$
2300	912	$-\ 224$	-224	$+\ \ 50$
1963	722	$-\ 561$	-414	$+232$
1401	483	-1123	-653	$+733$
2864	892	$+\ 340$	-244	$-\ \ 83$
1712	824	$-\ 812$	-312	$+254$
2415	1143	$-\ 109$	$+\ \ 7$	$-\ \ 1$
2046	929	$-\ 478$	-207	$+\ \ 99$
2831	1431	$+\ 307$	$+295$	$+\ \ 91$
1996	1153	$-\ 528$	$+\ 17$	$-\ \ 9$
2327	1150	$-\ 197$	$+\ 22$	$-\ \ 4$
2237	935	$-\ 287$	-201	$+\ \ 58$
Summe: 53011	23855			$2925\cdot10^3$
$:N$ 2524	1136			139300

die der hoch belasteten, in Spalte 3 und 4 die entsprechenden
Abweichungen vom Gesamtmittelwert und in Spalte 5 die Produkte. Die Streuung der beiden Reihen beträgt 757 bzw. 349,
folglich ergibt sich ein Korrelationskoeffizient von $\dfrac{139\,300}{757 \cdot 349} = +\,0{,}53$.

Abb. 15 zeigt das graphische Bild derselben Zahlen in der
oben geschilderten Darstellungsart. Die Korrelation ist auch
hier deutlich erkennbar.

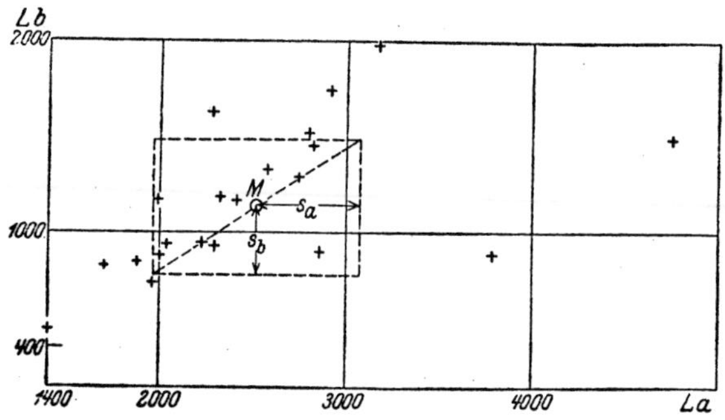

Abb. 15. Korrelationstafel zur Tab. 9.

Der Korrelationskoeffizient erlaubt ferner bei zwei Eigenschaften zu entscheiden, welche von ihnen am engsten mit
einer dritten verknüpft ist. Dies kann z. B. benutzt werden,
um festzustellen, welche von zwei Prüfmethoden mit bester
Annäherung dieselben Ergebnisse liefert wie die Praxis. Voraussetzung dafür ist allerdings, daß man von einer großen Anzahl
verschiedener Sorten jede auf alle drei Arten prüfen kann.
Nähere Angaben über mathematische Behandlung und An-
wendungsmöglichkeiten des Korrelationskoeffizienten siehe bei
Czuber, „Die statistischen Forschungsmethoden"[1].

IV. Abnahmebedingungen und Risiko.

Wenn es sich um die Lieferung von Gegenständen handelt,
deren entscheidende Eigenschaft eine gewisse Streuung zeigt,
so werden die Abnahmebedingungen dem Rechnung tragen, in-

---

[1] Wien 1921 bei Seidel und Sohn.

dem sie ebenfalls einen gewissen zulässigen Bereich festsetzen,
da ja ohnehin die Einhaltung eines Wertes mit absoluter Genauigkeit schon aus meßtechnischen Gründen unmöglich ist. Wie
solche Abnahmebedingungen zu beurteilen sind, ist für den
Fabrikanten eine Frage der Zweckmäßigkeit. Sind die Anforderungen sehr hoch, so läuft er Gefahr, daß die untersuchte Probe
ihnen nicht genügt und die Lieferung zurückgewiesen wird. Werden
dagegen die Bedingungen niedrig angesetzt, so hat er zwar die
größere Sicherheit, stellt aber sozusagen seinem eigenen Fabrikat
ein schlechtes Zeugnis aus, das vielleicht nur für einen verschwindenden Teil der Lieferung zutrifft. Wo hier der Weg
zwischen Scylla und Charybdis hindurchführt, kann nur durch
wirtschaftliche und psychologische Erwägungen entschieden werden.
Die Statistik liefert dazu die Vorarbeit, indem sie feststellt, wie
groß bei einer bestimmten durchschnittlichen
Beschaffenheit des Fabrikats und bestimmten
Abnahmebedingungen das Risiko einer Zurückweisung ist.

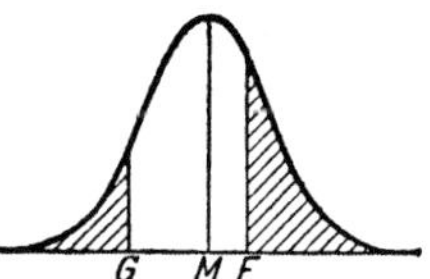

Verhältnismäßig einfach ist diese Aufgabe, wenn es sich um Eigenschaften handelt,
die an jedem Exemplar geprüft werden
können, wie z. B. Abmessungen von Rund-

Abb. 16. Verteilungskurve
mit Toleranzgrenzen.

und Stabeisen, Gewicht, Härte usw. Die herstellende Fabrik kann
dann nach ihren Kontrollmessungen die Verteilungskurve ihres
Fabrikats entwerfen, von der wir annehmen wollen, daß sie angenähert einer Gaußschen Kurve mit dem Mittelwert M und der
Streuung s entspricht. Ist nun in der Abnahmebedingung eine Toleranz von G bis F festgesetzt (vgl. Abb. 16), so wird von der ganzen
Fabrikation ein Bruchteil beanstandet werden, der dem Verhältnis
des schraffierten Flächeninhalts zum Ganzen entspricht. Im Fall
einer Gaußschen Kurve läßt sich dieser Bruchteil leicht formelmäßig angeben. Es ergibt sich für den beanstandeten Bruchteil oder
das Risiko

$$R = 1 - \frac{1}{2}\left[\Phi\,\frac{(M-G)}{\sqrt{2}\,s} + \Phi\,\frac{(F-M)}{\sqrt{2}\,s}\right], \tag{25}$$

wo unter Φ das schon mehrfach benutzte Fehlerintegral zu verstehen ist, dessen Zahlwerte in der Tabelle (S. 118) angegeben sind.

Ist die Verteilung keine Gaußsche, so kann das Risiko auch
durch Planimetrieren der Verteilungskurve und der beiden Flächen-

teile außerhalb von G und F bestimmt werden. Ausgeführtes Beispiel zum Schluß des Kapitels S. 72 f.

Schwieriger liegt der Fall, wenn die Eigenschaft, auf die es ankommt, nur durch Stichproben festgestellt werden kann, wie z. B. die Lebensdauer von Glühlampen. Hier ist es nicht möglich, einen bestimmten Wert dieser Eigenschaft in dem Sinn zu garantieren, daß etwa jedes einzelne Exemplar der Lieferung den garantierten Betrag erreichen muß. Es kommt vielmehr nur darauf an, daß die große Mehrzahl dieser Bedingung genügt. Aufgabe der Abnahmebedingungen ist es, diesen zunächst rein gefühlsmäßigen Begriff „große Mehrzahl" so festzulegen, daß man durch einen möglichst einfachen Versuch an nicht zu vielen Exemplaren über die Brauchbarkeit der Lieferung entscheiden kann.

Würde z. B. bei einem Posten Glühlampen die zu garantierende Lebensdauer G gleich der mittleren Lebensdauer der Lampen überhaupt angesetzt, so wäre jedenfalls, ganz gleich, wie die Bedingungen im einzelnen formuliert sind, die Gefahr der Zurückweisung sehr groß. Denn bei einer beliebig gewählten Probe ist ja die Wahrscheinlichkeit, daß die Lebensdauer unterhalb der mittleren Lebensdauer fällt, ebenso groß, wie daß sie oberhalb fällt. Hier würde also gewiß nicht die große Mehrzahl der Bedingung genügen. Soll das Risiko der Zurückweisung herabgesetzt werden, so muß die garantierte Lebensdauer G erheblich unterhalb der wahren mittleren Lebensdauer M liegen, und zwar um so mehr, je größer die Streuung der Lampen ist. Wie groß bei gegebener Streuung dieser Sicherheitsabstand zwischen G und M gewählt werden muß, um das Risiko auf ein bestimmtes Maß, etwa 10% oder 1% oder $0,1\%$, zu bringen, kann natürlich nur auf Grund spezieller Formulierungen der Abnahmebedingung berechnet werden.

1. Bedingungen für Serienmittel.

Eine sehr einfache derartige Formulierung wäre z. B. die folgende:

Aus der vorgelegten Lieferung werden n Lampen herausgegriffen und auf Brenndauer geprüft. Die Lieferung wird verworfen, wenn die mittlere Brenndauer dieser n Lampen unter G (etwa 1000 Stunden) liegt.

Das Risiko R einer Zurückweisung ist die Wahrscheinlichkeit dafür, daß eine beliebig herausgegriffene Serie von n Lampen eine mittlere Lebensdauer von weniger als G aufweist. Es sei die mittlere Lebensdauer der gesamten Fabrikation M, die Streuung s. Dann beträgt die Streuung der Serienmittel $s_s^r = \dfrac{s}{\sqrt{n}}$. Nach den Betrachtungen S. 35 ff. kann, wenn n nicht zu klein, d. h. von etwa $n = 5$ an, mit Sicherheit angenommen werden, daß die Serienmittel nach einer Gaußschen Kurve mit dem Streuungsmaß $\dfrac{s}{\sqrt{n}}$ um M verteilt liegen. Demnach ist die gesuchte Wahrscheinlichkeit gleich dem Flächenteil unterhalb der Gaußschen Kurve, der links von der Ordinate in G liegt. Abb. 17 stellt diese Verteilungskurve schematisch dar, der dem Risiko entsprechende Flächenteil ist schraffiert.

Um seine Größe zahlenmäßig zu ermitteln, bedienen wir uns der auf S. 27 gegebenen Tabelle für die Funktion, die für die Gaußsche Kurve den Flächeninhalt der von der Mitte aus nach beiden Seiten abgetragenen Streifen von der Breite b angibt[1]. Es war dort die Fläche des Mittelstreifens mit Φ, seine Breite mit $2b$ bezeichnet. Demnach ist $b = M - G$ zu setzen. In der letzten Spalte der Tabelle 4 ist bereits die Größe $(1 - \Phi)\,100$ angegeben, das ist also der Prozentsatz des Flächeninhalts, der zu beiden Seiten außerhalb des Streifens von der Breite b liegt. Der schraffierte Flächenteil der Abbildung ist genau die Hälfte der ganzen außerhalb des Streifens liegenden Fläche. Demnach erhalten wir die Größe R in %, wenn wir die Zahlen der letzten Spalte Tab. 4 halbieren. Die zugehörigen Werte von $M - G$ erhält man aus der 2. Spalte, indem man b durch $M - G$ ersetzt. Es ergeben sich so die in Tabelle 10 gegebenen Werte.

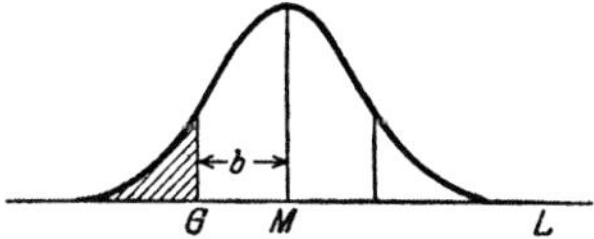

Abb. 17. Ermittlung des Risikos.

Hier enthalten die ersten drei Spalten allgemeingültige Angaben. Zur Veranschaulichung ist in der vierten Spalte die für das betreffende Risiko erforderliche mittlere Lebensdauer M der

---

[1] Eine vollständigere Tabelle dieser Funktion siehe auch S. 118.

Tabelle 10.

R $\%$	$\Phi\left(\dfrac{M-G}{\sqrt{2}\,s_s}\right)$	$\dfrac{M-G}{s_s}$	M	
0,01	0,9998	3,68	1350	für $G = 1000$ Stunden
0,1	0,998	3,09	1294	$n = 10$
1	0,980	2,33	1221	$s_s = \dfrac{300}{\sqrt{10}} = 95$ Std.
5	0,900	1,65	1157	
10	0,800	1,28	1121	

Lieferung ausgerechnet für den Fall, daß die Garantiezahl 1000 Stunden beträgt, daß die zur Prüfung entnommene Serie $n = 10$ Lampen enthält und daß die mittlere quadratische Streuung $s = 300$ Stunden beträgt. Soll also das Risiko der Abnahme höchstens 5 % betragen, so muß die mittlere Lebensdauer der Lampen um 157 über der garantierten Stundenzahl 1000 liegen. Wird dagegen M größer als 1350 Stunden, so ist das Risiko bereits kleiner als $^1/_{10}\,^0/_{00}$, d. h. in diesem Falle würde man erst bei je 10000 Abnahmen eine Zurückweisung zu befürchten haben.

Der formelmäßige Zusammenhang, welcher dieses erste Beispiel von Abnahmebedingungen vollkommen erledigt, lautet also:

$$R = \frac{1}{2}\left[1 - \Phi\left(\frac{(M-G)\sqrt{n}}{\sqrt{2}\,s}\right)\right]. \tag{26}$$

Hier ist Φ das mehrfach benutzte Fehlerintegral,

R das Risiko, d. h. die Wahrscheinlichkeit dafür, daß die Lieferung verworfen wird,

G die garantierte Lebensdauer,

M die mittlere Lebensdauer $\left.\right\}$ der Lieferung,
s die quadratische Streuung

n die Lampenzahl der zur Abnahmeprüfung benutzten Serien.

Wir können denselben Zusammenhang auch noch auf andere Weise aussprechen. Wenn wir von vornherein festsetzen, welches Risiko wir zulassen wollen, so kommt es bei Voraussetzung einer bestimmten mittleren Streuung s auf die Zahl der geprüften Lampen an, wie eng wir die Grenze G an den wahren Mittelwert heranverlegen dürfen; denn werden nur wenige Lampen geprüft, so ist die Gefahr, daß ihr Mittel außerhalb gewisser Grenzen liegt, größer, als wenn viele Lampen geprüft werden, da deren Mittel immer näher an dem Gesamtmittelwert liegen wird. Für ein Risiko von 10 % z. B. ergibt sich, wenn n Lampen geprüft werden, für jedes n ein bestimmter in % von M ausgedrückter Wert von $M - G$; die Tabelle 11 gibt diese Zahlen an, wenn die mittlere Streuung $s = 0,4\,M$ genommen wird. Wird die Garantiezahl G dieser Tabelle entsprechend gewählt, so beträgt also das Risiko bei Lampen von der Streuung 0,4 immer 10 %.

Für ein anderes Risiko sowie für andere mittlere Streuungen lassen sich entsprechende Tabellen aus der obigen allgemeinen Formel (26) berechnen.

Tabelle 11.

Lampenzahl n	$M - G$ %
5	29
6	27
7	25
8	23
9	22
10	21
11	20
12	19
13—14	18
15—16	17
17—18	16
19—21	15
22—25	14
26—29	13
30—34	12
35—40	11
45—54	10
55—69	9
70—89	6
90—119	8
120—179	5
180 und mehr	7

2. Bedingungen für Einzelexemplare.

Bei dem eben behandelten Beispiel einer Abnahmebedingung wurde kein Wert auf die Gleichmäßigkeit der Lieferung gelegt, sondern die Abnahme nur von dem Mittelwert der Lebensdauer abhängig gemacht. Da es aber dem Kunden zweifellos nicht erwünscht ist, wenn die ihm garantierte mittlere Lebensdauer durch einige sehr kurz- und dafür andere sehr langlebige Lampen zustande kommt, so hat sich in der Praxis ein anderer Typ von Bedingungen herausgebildet, wovon die folgende ein Beispiel darstellt.

Es werden der Lieferung n Lampen entnommen und auf Lebensdauer geprüft. Die Lieferung wird verworfen, wenn davon mehr als m Stück vor G durchbrennen $\left(m \text{ kleiner als } \dfrac{n}{2}\right)$.

Hier spielt also G nicht die Rolle der normalen mittleren Lebensdauer, sondern einer unteren Grenze, die nur von wenigen Lampen unterschritten werden darf. In diesem Fall ist das Risiko weniger einfach zu berechnen; es möge hierfür ein spezielles

Zahlenbeispiel durchgeführt werden. Wir wählen $n = 10$, $m = 2$, so daß also 2 Lampen vor der G-ten Stunde durchbrennen dürfen. Wenn man nun voraussetzen kann, daß die Verteilungskurve der sämtlichen Lampen eine Gaußsche ist, so ist die Wahrscheinlichkeit w dafür, daß eine Lampe vor der G-ten Stunde durchbrennt, genau wie im vorigen Beispiel gegeben durch $w = \frac{1}{2}(1 - \Phi)$, wobei unter Φ der Flächeninhalt eines Streifens von der Breite $2(M - G)$ verstanden ist, aber für eine Kurve, deren s gleich der Streuung der einzelnen Lampen genommen wird. Das Risiko R ist nun gleich der Wahrscheinlichkeit, daß mehr als 2 Lampen kürzer als G leben. Infolgedessen ist $1 - R$ die Wahrscheinlichkeit dafür, daß entweder keine, oder nur eine, oder 2 Lampen vor der G-ten Stunde ausbrennen. Diese Wahrscheinlichkeit läßt sich aus ihren einzelnen Summanden berechnen. Die Wahrscheinlichkeit, daß keine Lampe vor G Stunden, also alle 10 nach G Stunden durchbrennen, ist $(1 - w)^{10}$. Die, daß 1 vor und 9 nach G Stunden durchbrennen, ist $10\,w\,(1 - w)^9$; der Faktor 10 rührt davon her, daß es gleichgültig ist, welche von den 10 individuellen Lampen gerade die früher ausbrennende sein soll. Die Wahrscheinlichkeit, daß genau 2 Lampen vor G durchbrennen, ist $w^2(1 - w)^8$ wieder multipliziert mit einem Faktor, der die Zahl der möglichen Kombinationen von 2 aus 10 angibt. Im ganzen erhält man

$$1 - R = (1 - w)^{10} + 10\,w(1 - w)^9 + \binom{10}{2} w^2(1 - w)^8, \quad (27)$$

wo $\binom{10}{2} = \dfrac{10!}{2!\,8!} = 45$ ist.

Die Formel enthält, wie man sieht, die ersten 3 Glieder der Binomialreihe für $((1 - w) + w)^{10}$; für $m > 2$ kommen dementsprechend weitere Glieder hinzu. Auf diese Weise kann man also R berechnen, und zwar ergibt sich für den Fall $m = 2$ die in Tabelle 12 gegebene Übersicht.

Man sieht hieraus sofort, wie viel höhere Ansprüche diese Abnahmebedingung an die Lampen stellt, als die erste, da z. B. bei einer mittleren Lebensdauer von 1385 Stunden noch immer ein Risiko von $7\,^0/_0$ vorhanden ist, wogegen die erste Bedingung bei der gleichen Lebensdauer und Streuung nur zu einem Risiko von weniger als $0,1\,^0/_{00}$ führt. Das Risiko würde verringert werden, wenn die Grenze G herabgesetzt wird, ferner wenn der

Tabelle 12.

Φ	w	R $^0/_0$	$\dfrac{M-G}{s}$	M für $G=1000$ Std. $s=300$ „
1	0	0	∞	∞
0,96	0,02	0,09	2,06	1620
0,92	0,04	0,61	1,75	1525
0,88	0,06	1,78	1,55	1455
0,84	0,08	3,9	1,41	1420
0,80	0,1	7	1,28	1385
0,60	0,2	33	0,84	1252
0,40	0,3	61,5	0,52	1156

Bruchteil der Lampen, die vor G durchbrennen dürfen, vergrößert wird, endlich auch, wenn unter Beibehaltung desselben Bruchteils die Zahl der zu prüfenden Lampen überhaupt vermehrt wird. Der letztere Einfluß ist jedoch gering.

Abgesehen von dem größeren Risiko und der umständlicheren Berechnung haftet dieser Art der Abnahmebedingung gegenüber der ersten noch ein erheblicher prinzipieller Nachteil an. Es mußte nämlich im 2. Beispiel die Gaußsche Verteilung der einzelnen Lampen angenommen werden, während beim 1. Beispiel die Gaußsche Verteilung nur für Serienmittel vorausgesetzt wurde. Nach den S. 35 ff. gemachten Bemerkungen ist diese letztere Annahme unbedenklich. Selbst wenn die Verteilung der einzelnen Lampen weit von einer derartigen Verteilung abweichen sollte, kann man doch mit erheblicher Sicherheit darauf rechnen, daß die Serienmittel von 10er-Serien sich mit großer Genauigkeit der Gaußschen Verteilung fügen. Die Risikoberechnung im ersten Falle ist daher unbedingt zuverlässig, während das Risiko im zweiten Falle noch um einen unbekannten und schwer zu schätzenden Faktor zu vergrößern wäre.

3. Bedingungen über zwei Eigenschaften.

Die Abnahmebedingungen der Praxis werden nun durch einen weiteren Umstand kompliziert, dadurch nämlich, daß die Beurteilung der Lampen sich nicht auf die Lebensdauer allein, sondern noch auf eine zweite Eigenschaft, die Lichtabnahme, stützt, die von der ersten im wesentlichen unabhängig ist. Gewöhnlich geschieht dies in der Weise, daß statt der Lebensdauer die sog. Nutzbrenndauer angegeben wird, d. h. die Zeit, während der die Lichtabnahme noch unter 20% oder einem anderen vereinbarten Prozentsatz liegt. Man kann auch sagen, daß eine Lampe, sobald sie eine 20%ige Lichtabnahme zeigt, als durchgebrannt gelten soll. Um dies zu berücksichtigen, könnte man in der Weise vorgehen, daß man schon bei den Aufstellungen der Fabrikationsbrenndauerprüfungen immer die Nutzbrenndauer zugrunde legt. Es würde sich dann bei einem Fabrikationsprodukt von bestimmter Beschaffenheit eine mittlere Nutzbrenndauer $M' < M$ und ein Streuungsmaß s' der Nutzbrenndauern ergeben, das vermutlich größer als s sein würde. Die einzelnen Nutzbrenndauern würden sich ebenfalls in einer von der Gaußschen Kurve mehr oder weniger abweichenden Verteilung um ihren Mittelwert gruppieren, und es würde auch hier gelten, daß die mittleren Nutzbrenndauern nicht zu kleiner Serien mit sehr viel besserer Annäherung nach einer Gaußschen Kurve verteilt sein würden.

Wir wollen hier einen anderen Weg einschlagen, da in allen bisherigen Beispielen immer von den absoluten Lebensdauern die Rede gewesen ist, und es daher unzweckmäßig wäre, alle dort behandelten Unterlagen ungenützt zu lassen. Zugleich soll dabei gezeigt werden, wie sich das Risiko berechnen läßt, wenn zwei unabhängige Bedingungen entscheidend für die Abnahme sind, was ja auch bei Anwendung der Betrachtungen auf andere Gegenstände als Glühlampen vorkommen kann.

Die Lichtabnahme werde bei der Fabrikationsbrenndauer wie üblich zu bestimmten Zeiten gemessen. Wir denken sie uns für jede Lampe für mehrere Zeitpunkte bestimmt, darunter einem, der zweckmäßig etwa mit dem zu garantierenden Lebensdauerwert (z. B. 1000 Stunden) übereinstimmt, oder ihm doch nahe liegt. Dies ist für die länger lebenden Exemplare ohne weiteres möglich; für die früher ausgebrannten wird der Wert aus der vorher beobachteten Lichtabnahme extrapoliert. Die für diesen Zeitpunkt erhaltenen Zahlen für die Lichtabnahme haben einen Mittelwert, der mit p bezeichnet sei, und gruppieren sich um diesen nach einer Verteilungskurve, die sich der Gaußschen mehr oder weniger gut anschließt und deren Streuungsmaß mit ϱ bezeichnet sei. Wir nehmen zunächst zur Vereinfachung an, daß die Kurve eine Gaußsche ist. Wenn nun garantiert werden soll, daß die Lichtabnahme für den betrachteten Zeitpunkt höchstens

$g\%$ betragen soll (g muß hier natürlich größer sein als p), so ist die Wahrscheinlichkeit, daß ein Exemplar dieser Bedingung nicht entspricht, gleich dem Teil des Flächeninhaltes unter der Kurve, der rechts von g liegt. Die Größe dieses Teils kann aus derselben Tabelle, S. 27, entnommen werden (Halbierung der letzten Spalte), wie die entsprechende Wahrscheinlichkeit für die Unterschreitung einer gegebenen Lebensdauer G (siehe S. 63); sie ist

$$\frac{1}{2}\left[1 - \Phi\left(\frac{b}{\sqrt{2}\,s}\right)\right],$$

wenn man für b die Differenz $g - p$ und für s das Streuungsmaß ϱ einsetzt.

Welches ist nun das Risiko, das aus der gemeinschaftlichen Gültigkeit der Lebensdauer- und der Lichtabnahmebedingung entsteht, also die Wahrscheinlichkeit, daß eine Lampe einer von beiden Bedingungen nicht genügt? Es seien w_1 und w_2 die Wahrscheinlichkeiten für die Nichterfüllung der beiden Bedingungen, wenn sie einzeln gelten. Zu der Wahrscheinlichkeit w_1, daß eine Lampe vor G Stunden durchbrennt, kommt also noch die Wahrscheinlichkeit $(1 - w_1)\,w_2$ dafür, daß eine von den noch nicht durchgebrannten Lampen eine Lichtabnahme über g zeigt. Somit wird

$$w = w_1 + (1 - w_1)\,w_2 = w_1 + w_2 - w_1\,w_2$$

oder wenn man die w durch die Funktion Φ ausdrückt,

$$w = \frac{1}{4}\left[3 - \Phi\left(\frac{M-G}{\sqrt{2}\,s}\right) - \Phi\left(\frac{g-p}{\sqrt{2}\,\varrho}\right) - \Phi\left(\frac{M-G}{\sqrt{2}\,s}\right)\cdot\Phi\left(\frac{g-p}{\sqrt{2}\,\varrho}\right)\right]. \quad (28)$$

Wenn w_1 und w_2 klein sind, so wird $w_1\,w_2$ klein von 2. Ordnung, in diesem Fall entsteht also das Doppelrisiko einfach aus der Summe der beiden einzelnen.

Statt auf eine Lampe können die obigen Überlegungen auch auf eine Serie von n Lampen bezogen werden, es tritt dann nur an Stelle der Streuungen s und ϱ die Serienstreuung

$$s_s = \frac{s}{\sqrt{n}} \quad \text{und} \quad \varrho_s = \frac{\varrho}{\sqrt{n}},$$

so daß also z. B.

$$w_2 = \frac{1}{2}\left[1 - \Phi\left(\frac{(g-p)\sqrt{n}}{\sqrt{2}\,\varrho}\right)\right].$$

In diesem Falle wird die oben gemachte Voraussetzung der Gaußschen Verteilung unbedenklich.

Soll aber die Abnahmebedingung so wie in unserem 2. Beispiel formuliert werden, ist also z. B. festgesetzt, daß es zwei Lampen sein dürfen, die einer von den beiden Bedingungen nicht genügen, so ist der obige Ausdruck für w in die Formel (27) auf S. 66 einzusetzen und damit R zu berechnen. Dem Resultat haftet dieselbe Unsicherheit an, wie auf S. 67 für das 2. Beispiel geschildert.

4. Zusammengesetzte Abnahmebedingungen.

Da eine zuverlässige Berechnung des Risikos nur auf Grund von Bestimmungen über den Mittelwert der geprüften Serie möglich ist, sind die Abnahmebedingungen dieses Typs vor denen, die das Einzelverhalten der Lampen berücksichtigen, vorzuziehen. Falls es aber doch wünschenswert ist, auch eine gewisse Gleichmäßigkeit des Ganzen zu garantieren, so empfiehlt es sich eine Zusatzbedingung hinzuzufügen, die extreme Unterschreitungen der Norm ausschließt oder auf einen kleinen Bruchteil einschränkt. Hier können die Zahlwerte so bemessen sein, daß das Risiko an sich klein ist, dann wird die Unsicherheit, die bei dieser Berechnungsart nicht zu vermeiden ist, jedenfalls nicht schwer ins Gewicht fallen. Fordert man z. B., daß höchstens bei einer von 10 Lampen eine Unterschreitung der halben Brenndauer G vorkommt, so findet man bei den oben geltenden Werten von M, s und G das Risiko schon kleiner als das Risiko für die Unterschreitung der Brenndauer G durch das Mittel der 10 Lampen.

Genau genommen ist nun das Auftreten einzelner Extremwerte nicht unabhängig von der Lage des Serienmittels, da bei niedrigem Serienmittel das Vorhandensein niedriger Einzelwerte offenbar etwas wahrscheinlicher ist als bei hohem. Das Risiko, das aus der Gültigkeit beider Bedingungen folgt, ist daher kleiner als die Summe der einzeln berechneten Risikowerte, jedoch kann der Unterschied nicht groß sein, und kommt jedenfalls gegenüber der Unsicherheit des zweiten Summanden nicht in Betracht.

5. Abnahmebedingung mit Wiederholung.

Häufig wird bei Abnahmebedingungen die Festsetzung gemacht, daß die Prüfung, falls sie ein ungünstiges Ergebnis gehabt hat, wiederholt wird, und die Abnahme nur dann verweigert wird, wenn auch diese zweite Prüfung ungünstig ausfällt. Hierdurch wird das Risiko in leicht zu berechnender Weise gemildert. Deuten wir durch ein $+$-Zeichen einen günstigen, durch ein $-$-Zeichen einen ungünstigen Ausfall der Prüfung an, so sind bei zwei aufeinanderfolgenden Prüfungen die folgenden 4 Fälle möglich

$$
\begin{aligned}
&1. \quad + + \\
&2. \quad + - \\
&3. \quad - + \\
&4. \quad - -
\end{aligned}
$$

Wenn in dem oben ausgeführten Sinne eine Wiederholung gestattet ist, so würde nur der 4. Fall zum Verwerfen der Lieferung führen. Bezeichnet R_1 das absolute Risiko der einzelnen Prüfung, also die Wahrscheinlichkeit des ungünstigen Ausfalles, so ist die Wahrscheinlichkeit des Falles $- -$ gleich R_1^2; es erniedrigt sich also durch die Erlaubnis der einmaligen Wiederholung ein Risiko von 50% auf 25%, von 5% auf 0,25%, von 1% auf 0,01%. Durch Wiederholung wird also das Risiko um so stärker erniedrigt, je kleiner es an sich schon ist.

$$R = R_1^2. \tag{29}$$

6. Zusammenstellung der Formeln und Durchführung von Beispielen.

1. Bedingung, bei welcher verworfen wird: Einzelexemplar unter G oder über F

$$R = 1 - \frac{1}{2}\left[\varPhi\left(\frac{M-G}{\sqrt{2}\,s}\right) + \varPhi\left(\frac{F-M}{\sqrt{2}\,s}\right)\right].$$

2. Bedingung: Mittelwert von n Exemplaren kleiner als G

$$R = \frac{1}{2}\left[1 - \varPhi\left(\frac{(M-G)\sqrt{n}}{\sqrt{2}\,s}\right)\right]$$

$$\left.\begin{aligned}
R &= \text{Risiko} \\
M &= \text{Mittelwert} \\
s &= \text{Streuung}
\end{aligned}\right\} \text{ der Gesamtfabrikation.}$$

3. Bedingung: m von n Exemplaren unterhalb G

$$R = 1 - \left[(1-w)^n + \binom{n}{1}(1-w)^{n+1}w + \cdots + \binom{n}{m}(1-w)^{n-m}w^m\right],$$

wobei

$$w = \frac{1}{2}\left[1 - \Phi\left(\frac{M-G}{\sqrt{2}\,s}\right)\right].$$

4. Bedingung: Bei n Exemplaren Mittelwert der Lebensdauer unter G oder Mittelwert der Lichtabnahme über g

$$R = w_1 + w_2 - w_1 w_2,$$

wo

$$w_1 = \frac{1}{2}\left[1 - \Phi\left(\frac{(M-G)\sqrt{n}}{\sqrt{2}\,s}\right)\right],$$

$$w_2 = \frac{1}{2}\left[1 - \Phi\left(\frac{(g-p)\sqrt{n}}{\sqrt{2}\,\varrho}\right)\right].$$

$$\left.\begin{array}{l} p = \text{Mittelwert} \\ \varrho = \text{Streuung} \end{array}\right\} \text{ der Lichtabnahme.}$$

5. Bei m von n Exemplaren: Lebensdauer unter G oder Lichtabnahme über g

$$R = 1 - \left[(1-w)^n + \binom{n}{1}(1-w)^{n-1}w + \cdots + \binom{n}{m}(1-w)^{n-m}w^m\right],$$

wobei

$$w = \frac{1}{4}\left[3 - \Phi\left(\frac{M-G}{\sqrt{2}\,s}\right) - \Phi\left(\frac{g-p}{\sqrt{2}\,\varrho}\right) - \Phi\left(\frac{M-G}{\sqrt{2}\,s}\right)\cdot\Phi\left(\frac{g-p}{\sqrt{2}\,\varrho}\right)\right].$$

6. Bedingung mit dem Risiko R_1, wenn Wiederholung der Prüfung gestattet.

$$R = R_1{}^2.$$

1. Beispiel.

Wie groß ist der beanstandete Bruchteil für Rundeisen, deren Durchmesser um einen Mittelwert von 12,45 mm angenähert nach einer Gaußschen Verteilungskurve mit dem Parameter $s = 0{,}12$ mm streuen, wenn die Toleranz von 12,20 bis 12,60 mm reicht?

Es ergibt sich

$$M - G = 0{,}25 \text{ mm}$$
$$F - M = 0{,}15 \text{ mm}.$$

Demnach gemäß Formel (25)

$$R = 1 - \frac{1}{2}\left[\varPhi\left(\frac{0{,}25}{\sqrt{2}\cdot 0{,}12}\right) + \varPhi\left(\frac{0{,}15}{\sqrt{2}\cdot 0{,}12}\right)\right].$$

Aus der Tabelle S. 118 ergibt sich für

$$\frac{b}{s} = \frac{0{,}25}{0{,}12} = 2{,}08; \qquad \varPhi = 0{,}9627$$

und für

$$\frac{b}{s} = \frac{0{,}15}{0{,}12} = 1{,}25 ; \qquad \varPhi = 0{,}7888$$

$$\text{Summe} = 1{,}751 : 2 = 0{,}875 ,$$

folglich

$$R = 1 - 0{,}875 = 0{,}125 \quad \text{oder} \quad 12{,}5\,\% .$$

2. Beispiel.

Risikoberechnung für Glühlampen.

Bedingungen:

1. Die mittlere Lebensdauer von 10 Lampen soll größer als 1000 Stunden sein.

2. Die mittlere Lichtabnahme von 10 Lampen soll kleiner als 20% nach 1000 Stunden sein.

3. Höchstens 2 von 10 Lampen dürfen vor 500 Stunden durchbrennen.

4. Einmalige Wiederholung der Prüfung ist gestattet.

Aus den Prüfungen der Fabrikation sei hervorgegangen, daß die Lampen im ganzen eine mittlere Lebensdauer M von 1200 Stunden mit einer Streuung von 300 Stunden, eine mittlere Lichtabnahme von 13,1% (nach 1000 Stunden) mit einer Streuung von 6,7% zeigen.

1. Das Risiko für die erste Bedingung ist nach Formel (26)

$$R_1 = \frac{1}{2}\left[1 - \varPhi\left(\frac{200\,\sqrt{10}}{\sqrt{2}\,300}\right)\right] = \frac{1}{2}\left[1 - \varPhi\left(\frac{2{,}11}{\sqrt{2}}\right)\right].$$

Mit Benutzung der Tabelle für $\varPhi\left(\dfrac{x}{\sqrt{2}}\right)$ S. 118 ergibt das $R_1 = 0{,}0174$.

2. Das Risiko für die zweite Bedingung ist nach derselben Formel

$$R_2 = \frac{1}{2}\left[1 - \varPhi\left(\frac{6{,}9\,\sqrt{10}}{\sqrt{2}\,6{,}7}\right)\right] = \frac{1}{2}\left[1 - \varPhi\left(\frac{3{,}25}{\sqrt{2}}\right)\right] = 0{,}0006 .$$

3. Für die dritte Bedingung wird zuerst die Wahrscheinlichkeit w dafür, daß eine einzelne Lampe der Bedingung nicht genügt, aufgesucht. Sie ist

$$w = \frac{1}{2}\left[1 - \Phi\left(\frac{700}{\sqrt{2}\,300}\right)\right] = \frac{1}{2}\left[1 - \Phi\left(\frac{2{,}33}{\sqrt{2}}\right)\right] = 0{,}0099\,.$$

Dieser Wert wird in Formel (27) eingesetzt, indem $m = 2$ genommen wird.

$$\begin{aligned}
R_3 &= 1 - [0{,}9901^{10} + 10\cdot 0{,}9901^9\cdot 0{,}0099 + 45\cdot 0{,}9901^8\cdot 0{,}0099^2]\\
&= 1 - 0{,}9901^8\,[0{,}9901^2 + 0{,}099\cdot 0{,}9901 + 45\cdot 0{,}0099^2]\\
&= 1 - 0{,}9959 = 0{,}0041\,,
\end{aligned}$$

wobei sich noch im Verlauf der Rechnung zeigt, daß das 3. Glied der Reihe gegenüber den beiden ersten schon verschwindend klein ist. Dies bedeutet, daß man, ohne das Risiko zu erhöhen, die Bedingung dahin verschärfen kann, daß nur 1 von 10 Lampen vor 500 Stunden durchbrennen darf, oder daß bei 2 Lampen die Grenze von 500 Stunden zu erhöhen ist (wie eine weitere Rechnung ergibt auf etwa 700 Stunden).

Im ganzen ergeben die 3 ersten Bedingungen

$$\begin{aligned}
& 0{,}0174\\
+\ & 0{,}0006\\
\underline{+\ & 0{,}0041}\\
R_0 =\ & 0{,}0221 \quad \text{d. h. ein Risiko von } 2{,}2\%\,.
\end{aligned}$$

Durch die Bedingung 4 (Zulassung der Wiederholung) erhalten wir somit nach Formel (29)

$$R = 0{,}022^2 = 0{,}0005\,,$$

also $0{,}05\%$ oder 1 auf 2000.

C. Mathematischer Teil.

I. Allgemeine Eigenschaften von Kollektivgegenständen. Das quadratische Streuungsmaß.

1. Mittelwert und Streuung.

Wenn die einzelnen Glieder eines Kollektivgegenstandes durch irgendeine meßbare Größe L gekennzeichnet sind, so bestimmt sich das Mittel M dieser Größe, indem man die Summe aller L-Werte bildet, und durch die Anzahl N der Glieder oder den Umfang des Kollektivs dividiert

$$M = \frac{1}{N} \sum_{i=1}^{N} L_i,$$

in abgekürzter Schreibweise $M = \overline{L_i}$.

Die Art, wie die einzelnen Glieder um den Mittelwert verstreut liegen, oder wie sie um ihn schwanken, läßt sich auf verschiedene Weisen kennzeichnen. Das lineare Streuungsmaß erhält man, indem man das Mittel der absoluten einzelnen Abweichungen vom Mittelwert M bildet also

$$s_l = \frac{|L_1 - M| + |L_2 - M| + \cdots + |L_N - M|}{N} = \frac{1}{N} \sum_{i=1}^{N} |L_i - M|. \tag{30}$$

Es ist für die zahlenmäßige Berechnung bequem, für mathematische Folgerungen aber wegen des Auftretens der absoluten Beträge sehr schlecht zu handhaben. Das quadratische Streuungsmaß entsteht, wenn man das Mittel der Quadrate der Abweichungen vom Mittelwert bildet, und aus dem Ergebnis die Wurzel zieht.

$$s^2 = \frac{(L_1 - M)^2 + (L_2 - M)^2 + \cdots + (L_N - M)^2}{N} = \frac{1}{N} \sum_{i=1}^{N} (L_i - M)^2. \tag{31}$$

An diese Größe knüpfen alle weiteren Gesetze über die Eigenschaften von Kollektivgegenständen an. Wir bezeichnen sie mit dem Buchstaben s ohne Index und werden im folgenden unter dem Ausdruck Streuung schlechthin immer dies quadratische Streuungsmaß verstehen. Zur Veranschaulichung sei noch eine mechanische Analogie erwähnt. Denkt man sich jedes Glied des Kollektivs auf einer L-Achse an der Stelle, die seinem L-Wert entspricht, durch einen Massenpunkt von der Masse $\frac{1}{N}$ dargestellt, so ergibt M die Lage des Schwerpunktes dieses Massensystems, und s^2 das Trägheitsmoment um eine zu L senkrechte Achse durch den Schwerpunkt. Die schon auf S. 9 angegebene einfache Umformung

$$s^2 = \frac{1}{N} \sum_{i=1}^{N} (L_i - M)^2 = \frac{1}{N} \sum_{i=1}^{N} L_i^{\,2} - M^2 \qquad (32)$$

erhält so die Bedeutung des aus der Mechanik bekannten Satzes, daß das Trägheitsmoment um eine beliebige nicht durch den Schwerpunkt gehende Achse a gleich ist dem Trägheitsmoment um die Schwerpunktsachse, vermehrt um das Trägheitsmoment der im Schwerpunkt vereinigten Masse um die Achse a. Als Achse a ist eine zur L-Achse senkrechte Achse durch den Anfangspunkt der L-Werte zu nehmen. Legt man die Achse durch einen anderen Punkt P, so erhält man die ebenfalls S. 10 erwähnte Beziehung

$$\frac{1}{N} \sum_{i=1}^{N} (L_i - P)^2 = s^2 + (P - M)^2 . \qquad (33)$$

2. Streuung von Serienmitteln ($\sqrt{n}$-Gesetz).

Werden aus einem Kollektiv mit der Streuung s sehr oft n Elemente herausgegriffen, und jedesmal das Mittel der n Größen L bestimmt, so werden die so erhaltenen Größen M_1, M_2, ... M_k auch in gewisser Weise um den Mittelwert M schwanken. Es sei die Aufgabe, die Streuung s_s dieser M_k zu berechnen.

Zu diesem Zweck drücken wir die Werte L_i durch das Mittel M aus, indem wir setzen

$$L_i = M + \varepsilon_i .$$

Es wird dann

$$M_1 = \frac{1}{n}(L_1 + \cdots + L_n) = M + \frac{1}{n}(\varepsilon_1 + \cdots + \varepsilon_n)$$

und daher

$$M_1{}^2 = M^2 + \frac{2M}{n}(\varepsilon_1 + \cdots + \varepsilon_n) + \frac{1}{n^2}(\varepsilon_1 + \cdots + \varepsilon_n)^2.$$

Der gesuchte Wert ist nach (32)

$$s_s{}^2 = \frac{1}{k}\sum_1^k (M_k - M)^2 = \frac{1}{k}\sum_1^k M_k{}^2 - M^2. \qquad (34)$$

Bildet man nun den Mittelwert der $M_k{}^2$ für alle möglichen Serien von n Gliedern, so hebt sich das lineare Glied $\frac{2M}{n}\overline{(\varepsilon_1 + \varepsilon_2 + \cdots + \varepsilon_n)}$ im Mittel fort, da die Summe aller ε gleich 0 ist. Folglich wird

$$s_s{}^2 = \overline{M_k{}^2} - M^2 = \frac{1}{n^2}\overline{(\varepsilon_1 + \varepsilon_2 + \cdots + \varepsilon_n)^2}. \qquad (35)$$

Es ist nun

$$(\varepsilon_1 + \varepsilon_2 + \cdots + \varepsilon_n)^2$$
$$= \varepsilon_1{}^2 + \varepsilon_2{}^2 + \cdots + \varepsilon_n{}^2 + 2\,\varepsilon_1\varepsilon_2 + 2\,\varepsilon_1\varepsilon_3 + \cdots + 2\,\varepsilon_{n-1}\varepsilon_n.$$

Bildet man die Summe über alle möglichen Kombinationen von n Gliedern, so sind die quadratischen Glieder alle positiv und ergeben im Mittel $n\,\overline{\varepsilon_i{}^2}$, während die doppelten Produkte bald positiv und bald negativ sind, und sich daher im Mittel wegheben. Folglich erhält man

$$s_s{}^2 = \frac{1}{n^2}\,n\,\overline{\varepsilon_i{}^2} = \frac{1}{n}\,\overline{\varepsilon_i{}^2} = \frac{s^2}{n}. \qquad (36)$$

Denn das Mittel der quadratischen Abweichungen ist ja gleich s^2. Daher ist also

$$s_s = \frac{1}{\sqrt{n}}\,s, \qquad (36\,\mathrm{a})$$

in Worten: Die Streuung der Mittelwerte von Serien zu n Elementen verhält sich zu der Streuung der einzelnen Elemente wie $1:\sqrt{n}$. Diese einfache Form des $\sqrt{n}$-Gesetzes gilt aber nur, wenn $n \ll N$ ist. Man erkennt das unmittelbar, wenn man das zu berechnende Quadrat in der Form entwickelt

$$(\varepsilon_1 + \varepsilon_2 + \cdots + \varepsilon_n)^2 = \varepsilon_1{}^2 + \cdots + \varepsilon_n{}^2 + \varepsilon_1 (\varepsilon_2 + \cdots + \varepsilon_n)$$
$$+ \varepsilon_2 (\varepsilon_1 + \varepsilon_3 + \cdots + \varepsilon_n) + \cdots$$

Der wahrscheinlichste Wert des Ausdruckes $\overline{\varepsilon_1 (\varepsilon_2 + \cdots + \varepsilon_n)}$ liegt nun offenbar nicht genau bei Null. Er ist vielmehr negativ. Die Summe aller ε ist nämlich gleich 0, eine Summe ohne ε_1 von der Form $\varepsilon_2 + \varepsilon_3 + \cdots + \varepsilon_n$ hat daher eine Tendenz zu einem Vorzeichen, welches demjenigen von ε_1 entgegengesetzt ist. Demnach ist das oben abgeleitete Gesetz nur angenähert gültig.

Die exakt richtige Formel erhält man, wenn man den Mittelwert von $(\varepsilon_1 + \varepsilon_2 + \cdots + \varepsilon_n)^2$ genau berechnet, wobei die Mittelbildung so zu verstehen ist, daß die n Indices 1 bis n auf alle mögliche Weisen durch irgendwelche n andere Indizes aus der Reihe von 1 bis N ersetzt werden.

Nach einem bekannten Satz der Kombinatorik kann man auf $\binom{N}{n} = \dfrac{N!}{n!\,(N-n)!}$ verschiedene Weisen aus N gegebenen Dingen n Dinge herausgreifen. Ich denke mir nun alle diese $\binom{N}{n}$ verschiedenen Werte für $(\varepsilon_1 + \varepsilon_2 + \cdots + \varepsilon_n)^2$ wirklich hingeschrieben und alle addiert. Ihre Summe ist dann offenbar das $\binom{N}{n}$-fache des gesuchten Mittelwertes, also gleich $\binom{N}{n} x$. Ich entwickle nun

$$(\varepsilon_1 + \varepsilon_2 + \cdots + \varepsilon_n)^2 = \varepsilon_1{}^2 + \varepsilon_2{}^2 + \cdots + \varepsilon_n{}^2 + 2\,\varepsilon_1\,\varepsilon_2 + 2\,\varepsilon_1\,\varepsilon_3 + \cdots$$

und frage: In wie vielen der $\binom{N}{n}$ Summanden tritt der Wert $\varepsilon_1{}^2$, und in wie vielen der Wert $2\,\varepsilon_1\,\varepsilon_2$ auf? Die Kombinationen, welche $\varepsilon_1{}^2$ enthalten, kann ich nun alle so gewinnen, daß ich von den N gegebenen Werten den Wert ε_1 beiseite nehme und aus den verbleibenden $N-1$ Zahlen $\varepsilon_2 \ldots \varepsilon_N$ noch irgendwelche $n-1$ Zahlen hinzunehme. Das ist aber auf $\binom{N-1}{n-1}$ verschiedene Weisen möglich. Somit wird $\varepsilon_1{}^2$ in der Summe im ganzen $\binom{N-1}{n-1}$ mal auftreten und ebensooft natürlich auch die anderen Quadrate $\varepsilon_2{}^2 \ldots \varepsilon_N^2$. Alle Kombinationen mit dem Glied $2\,\varepsilon_1\,\varepsilon_2$ kann ich ferner immer dadurch erzeugen, daß ich ε_1 und ε_2

beiseite nehme und aus den verbleibenden $N-2$ Zahlen irgend-welche $n-2$ hinzunehme, was auf $\binom{N-2}{n-2}$ verschiedene Weisen möglich ist. Es erscheint also in der Endsumme jedes Produkt $2\,\varepsilon_i\varepsilon_k$ genau $\binom{N-2}{n-2}$ mal, so daß im ganzen wird

$$\binom{N}{n}x = \binom{N-1}{n-1}(\varepsilon_1{}^2 + \cdots + \varepsilon_N^2) + \binom{N-2}{n-2}(2\,\varepsilon_1\varepsilon_2 + 2\,\varepsilon_1\varepsilon_3 + \cdots).\tag{37}$$

Den Faktor von $\binom{N-2}{n-2}$ kann ich nun auch schreiben in der Form

$$\varepsilon_1(\varepsilon_2 + \cdots + \varepsilon_N) + \varepsilon_2(\varepsilon_1 + \varepsilon_3 + \cdots + \varepsilon_N) + \cdots$$
$$+ \varepsilon_N(\varepsilon_1 + \varepsilon_2 + \cdots + \varepsilon_{N-1}).$$

Da die Summe aller ε nach Voraussetzung gleich Null ist, so wird also

$$\varepsilon_2 + \cdots + \varepsilon_N = -\varepsilon_1$$
$$\cdot\ \cdot\ \cdot\ \cdot\ \cdot\ \cdot\ \cdot\ \cdot$$
$$\varepsilon_1 + \cdots + \varepsilon_{N-1} = -\varepsilon_N,$$

so daß der ganze ins Auge gefaßte Faktor zu ersetzen ist durch

$$-(\varepsilon_1{}^2 + \varepsilon_2{}^2 + \cdots \varepsilon_N^2).$$

Setzt man dies in (37) ein und außerdem noch für $\binom{N-2}{n-2}$ seinen Wert $\dfrac{n-1}{N-1}\binom{N-1}{n-1}$, so wird

$$\binom{N}{n}x = \binom{N-1}{n-1}(\varepsilon_1{}^2 + \cdots + \varepsilon_N^2)\left[1 - \frac{n-1}{N-1}\right],$$

oder auch

$$\overline{(\varepsilon_1 + \varepsilon_2 + \cdots + \varepsilon_n)^2} = n\,\frac{\varepsilon_1{}^2 + \cdots + \varepsilon_N^2}{N}\left(1 - \frac{n-1}{N-1}\right).$$

Damit ist die gestellte Aufgabe erledigt.

Um die Streuung $s_s{}^2$ der Serienmittel gegeneinander zu erhalten, ist nach (35) der soeben errechnete Ausdruck noch durch n^2 zu teilen. Außerdem ist die Einzelstreuung s^2 der Gesamtmenge definitionsgemäß

$$s^2 = \overline{\varepsilon^2} = \frac{\varepsilon_1{}^2 + \cdots + \varepsilon_N^2}{N}.$$

Es ergibt sich demnach

$$s_s{}^2 = \frac{1}{n} s^2 \left[1 - \frac{n-1}{N-1} \right].$$ (38)

Man sieht, daß für große N der Ausdruch in (36) übergeht, da $\frac{n-1}{N-1}$ dann verschwindend klein wird.

3. Streuung innerhalb einer Serie.

Wird aus einem Kollektiv mit der Streuung s eine Serie von n Elementen herausgegriffen, und die Streuung s_e dieser n Elemente um ihr Mittel M_k berechnet, so wird dieser Wert im einzelnen Fall verschiedene Größe haben. Welches ist nun der erwartungsmäßige Wert dieser Streuung, d. h. der Wert, der im Mittel bei Betrachtung aller möglichen Serien angenommen wird?

Diese Frage läßt sich auf Grund des Vorhergehenden erledigen, sobald der Zusammenhang zwischen der Gesamtstreuung s, der Streuung der Serienmittel s_s und der eben erläuterten mittleren Einzelstreuung einer Serie klargestellt ist. Für die beiden ersteren Größen geben (32) und (34) die Beziehungen

$$s^2 = \overline{L_i{}^2} - M^2$$
$$s_s{}^2 = \overline{M_k{}^2} - M^2.$$

Nun ist

$$s_e{}^2 = \frac{1}{k} \left[\frac{1}{n} (L_{11}^2 + \cdots + L_{2n}^1) - M_1^2 \right.$$
$$\left. + \frac{1}{n} (L_{21}^2 + \cdots + L_{2n}^2) - M_2^2 + \cdots \right]$$ (39)
$$= \overline{L_{ik}^2} - \overline{M_k^2},$$

wenn k die Zahl der Serien von n Elementen bedeutet. Es ist demnach

$$s^2 = s_s{}^2 + s_e{}^2.$$ (40)

Trägt man $\overline{L_i{}^2}$, $\overline{M_k{}^2}$ und M^2 von einem Punkte aus auf einer Strecke ab und bezeichnet die Endpunkte der Reihe nach mit A, B, C, so

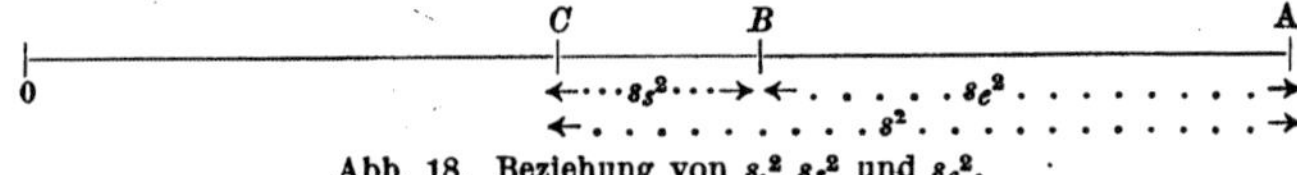

Abb. 18. Beziehung von $s_i{}^2$ $s_s{}^2$ und $s_e{}^2$.

erhält man das Bild Abb. 18, wo $AC = s^2$, $BA = s_e^{\,2}$ und $BC = s_s^{\,2}$ ist. Für sehr große N ist nun nach (36)

$$s_s^{\,2} = \frac{s^2}{n},$$

folglich

$$s_e^{\,2} = s^2 - s_s^{\,2} = s^2 \frac{n-1}{n},$$

oder

$$s^2 = \frac{n}{n-1} s_e^{\,2}. \tag{41}$$

Will man daher aus einer herausgegriffenen Reihe von n Elementen, deren gegenseitige Streuung man bestimmt hat, auf die Streuung des ganzen Kollektivs schließen, so hat man die berechnete Streuung s_e noch im Verhältnis $\sqrt{\dfrac{n}{n-1}}$ zu vergrößern, oder man setzt sogleich

$$s = \sqrt{\frac{(L_1 - M_1)^2 + \cdots + (L_n - M_1)^2}{n-1}} \cdot \text{[1*]} \tag{42}$$

Ist N nicht so groß, daß n dagegen verschwindet, so gilt nach (38)

$$s_s^{\,2} = \frac{s^2}{n}\left(1 - \frac{n-1}{N-1}\right),$$

folglich mit Rücksicht auf (40)

$$s_e^{\,2} = s^2 - s_s^{\,2} = s^2 \frac{n-1}{n} \frac{N}{N-1}. \tag{43}$$

Dies ist also der Wert, den die Streuung einer herausgegriffenen Serie in sich im Mittel aller möglichen Serien annehmen wird.

4. Serieneinteilung mit systematischen Unterschieden.

Wird das ganze Kollektiv auf beliebige Weise in Serien aufgeteilt, und berechnet man $s_s^{\,2}$ und $s_e^{\,2}$ für diese Serien, so werden die Resultate im allgemeinen in den angegebenen Beziehungen stehen. Die Formel für $s_s^{\,2}$ war aber genau genommen als Mittelwert der sämtlichen $\binom{N}{n}$ Serien berechnet, die in allen

---

[1*] Dies ist die Formel, die in Kohlrauschs Lehrbuch der praktischen Physik im Einleitungskapitel S. 2 ohne näheren Beweis zur Berechnung des „mittleren Fehlers der einzelnen Messung" angegeben wird.

möglichen Einteilungsarten auftreten. Eine einzelne Aufteilung des Ganzen in Serien liefert nur $\dfrac{N}{n}$ Serien. Je nachdem in welcher Weise diese Aufteilung vorgenommen ist, wird man einen anderen Wert für s_s erhalten. Werden z. B. in jeder Serie möglichst gleichartige Elemente zusammengefaßt, so ist klar, daß die mittlere Streuung innerhalb der Serien kleiner, die Streuung der Serienmittel aber größer sein wird, als der Formel entspricht. Umgekehrt könnte man sich die Serien so zusammengestellt denken, daß jede ein möglichst treues Abbild der Zusammensetzung des Ganzen darstellt. Dann wird die Streuung der Serienmittel gegeneinander kleiner, die innerhalb der Serien größer sein als der berechnete Wert. Wenn dagegen bei der Einteilung kein derartiges auswählendes Prinzip mitgewirkt hat, die Wahl der Serien also rein zufällig ist, so wird der abgeleitete mittlere Wert von s_s auch für die $\dfrac{N}{n}$ Serien zutreffen. Wir haben auf diese Weise ein Mittel, etwa bestehende systematische Unterschiede zwischen den Serien der Größe nach zu schätzen, da der Überschuß des beobachteten s_s über das berechnete ein Maß für diese Unterschiede sein muß. Der berechnete Wert nach (38) ist $s_s^2 = s^2 \dfrac{1}{n}\left(1 - \dfrac{n-1}{N-1}\right)$ oder mit Benutzung von (43) $s_s^2 = s_e^2 \dfrac{N-n}{(n-1)\,N}$; folglich ist die Differenz

$$D = s_s^2 - s_e^2 \frac{N-n}{N\,(n-1)} \tag{44}$$

das erwähnte Maß. Die Bedeutung dieser Größe läßt sich noch genauer angeben. Denken wir uns den L-Wert jedes Elements zusammengesetzt aus einem rein zufälligen Anteil Z_{ki} und einem Anteil F_k, der für jede Serie gemeinsam ist und so normiert ist, daß die Summe aller F_k verschwindet. Ordnen wir das Kollektiv in ein rechteckiges Schema, wobei jede Spalte die Glieder einer Serie enthält, so ergibt sich

$$
\begin{aligned}
&Z_{11} + F_1 \quad Z_{21} + F_2 \;.\;.\;.\; Z_{k1} + F_k \\
&Z_{12} + F_1 \quad Z_{22} + F_2 \;.\;.\;.\; Z_{k2} + F_k \\
&\quad.\quad.\quad.\quad.\quad.\quad.\quad.\quad.\quad.\quad. \\
&Z_{1n} + F_1 \quad Z_{2n} + F_2 \;.\;.\;.\; Z_{kn} + F_k.
\end{aligned}
$$

Die Größen F_k stellen danach die Abweichungen der Serienmittel vom Gesamtmittel M dar, soweit sie allein durch systematische Unterschiede bewirkt sind. Wir bilden nach (32), (34) und (39) nun die drei Streuungsgrößen s, s_s und s_e, wobei wir die nur auf die Z_{ki} bezogenen Werte durch einen beigesetzten Stern kennzeichnen wollen. Es ist

$$s^2 = \overline{(Z_{ki} + F_k)^2} - M^2 = \overline{Z_{ki}^2} - M^2 + \overline{F_k^2} = s^{*2} + \overline{F_k^2}$$

$$s_s^2 = \overline{(M_k^* + F_k)^2} - M^2 = \overline{M_k^{*2}} - M^2 + \overline{F_k^2} = s_s^{*2} + \overline{F_k^2}$$

$$s_e^2 = \overline{(Z_{ki} + F_k)^2} - \overline{(M_k^* + F_k)^2} = \overline{Z_{ki}^2} - \overline{M_k^{*2}} = s_e^{*2},$$

denn die Mittelwerte der Produkte $M_k^* F_k$ und $Z_{ki} F_k$ haben den erwartungsmäßigen Wert o, weil die F_k im Mittel O sind und völlig zufällig zu den einzelnen M_k^* bzw. Z_{ki} Werten hinzutreten, ohne an sich mit der Größe etwas zu tun zu haben. Bildet man nun nach (44)

$$D = s_s^2 - s_e^2 \frac{N-n}{N(n-1)} = s_s^{*2} + \overline{F_k^2} - s_e^{*2} \frac{N-n}{N(n-1)}$$

und berücksichtigt, daß die Werte s_s^{*2} und s_e^{*2} sich auf Zufallsserien beziehen und daher die Relation (38) erfüllen, so ist

$$s_s^{*2} = s_e^{*2} \frac{N-n}{N(n-1)}$$

und daher

$$D = \overline{F_k^2}. \tag{45}$$

Es bedeutet also D ganz unmittelbar das mittlere Quadrat der systematischen Unterschiede der Serien.

Werden die Unterschiede der Serien durch mehrere voneinander unabhängige Ursachen bedingt, also bei irgendwelchen Gegenständen, z. B. einerseits durch Verschiedenheiten der Gegenstände selbst, andererseits durch Verschiedenheiten der Methode bei der Messung der Größe L, so können wir die durch die beiden Einflüsse bewirkten Abweichungen vom Gesamtmittel durch G_k bzw. H_k bezeichnen. Bei der Berechnung der Streuungsgrößen werden sich dann nicht nur die Produkte der G_k und H_k mit M_k^* und Z_{ik} im Mittel wegheben, sondern auch die Produkte $G_k \cdot H_k$, da die G und H nach Voraussetzung voneinander unabhängig sind. Infolgedessen erhält man entsprechend (45)

$$D = \overline{G_k^2} + \overline{H_k^2}.$$

Allerdings gilt, wie schon oben bemerkt, die Bedingung $D = 0$ auch bei Zufallsserien streng genommen nur im Mittel für alle möglichen Einteilungsarten. Für eine bestimmte beliebig gewählte Einteilung wird man also auch von O verschiedene Werte antreffen können, da die einzelnen D-Werte ihrerseits eine gewisse natürliche Streuung um ihren Mittelwert haben werden. Um daher entscheiden zu können, ob ein gefundener, von O verschiedener D-Wert mit einiger Wahrscheinlichkeit auf systematische Unterschiede deutet, braucht man noch eine Vorstellung von der Größe der Streuung von D. Diese läßt sich aber erst auf Grund weiterer Betrachtungen über die Verteilung zufallsbestimmter Kollektive gewinnen.

II. Eigenschaften von Kollektivgegenständen mit Gaußscher Verteilung.

Die mathematische Behandlung von Kollektivreihen wird besonders einfach, wenn sich die Elemente darin nach der Gaußschen „normalen Häufigkeitskurve" verteilen, was in vielen Fällen wenigstens mit gewisser Annäherung zutrifft. Die Ableitung dieser Kurve ist in jedem Lehrbuch der Wahrscheinlichkeits- oder Fehlertheorie zu finden. Um erkennen zu lassen, unter was für Voraussetzungen man das Vorhandensein einer solchen Kurve erwarten kann, sei im folgenden eine solche Ableitung in Kürze angeführt.

1. Ableitung der Gaußschen Verteilung.

Es werde angenommen, daß die einzelnen Abweichungen der Größe L von ihrem mittleren Werte M durch das Zusammenwirken von N gleich großen Einflüssen ε zustande kommen, deren jeder mit gleicher Wahrscheinlichkeit positiv oder negativ einwirken kann. Eine bestimmte Abweichung $L - M$ kommt zustande, wenn $\dfrac{L-M}{\varepsilon} = 2\,k$ mehr positive als negative Einflüsse wirken, d. h. wenn es $\dfrac{N}{2} + k$ positive und $\dfrac{N}{2} - k$ negative sind. Die Wahrscheinlichkeit hierfür ist

$$W_k = \frac{N!}{\left(\frac{N}{2}+k\right)!\,\left(\frac{N}{2}-k\right)!}\left(\frac{1}{2}\right)^N.$$

Die Wahrscheinlichkeit einer um $2\,\varepsilon$ größeren Abweichung ist

$$W_{k+1} = \frac{N!}{\left(\frac{N}{2}+k+1\right)!\left(\frac{N}{2}-k-1\right)}\left(\frac{1}{2}\right)^N,$$

das Verhältnis beider

$$\frac{W_{k+1}}{W_k} = \frac{\left(\frac{N}{2}+k\right)!\left(\frac{N}{2}-k\right)!}{\left(\frac{N}{2}+k+1\right)!\left(\frac{N}{2}-k-1\right)!} = \frac{\left(\frac{N}{2}-k\right)}{\frac{N}{2}+k+1}$$

und die relative Zunahme von W_k

$$\frac{W_{k+1}-W_k}{W_k} = -\frac{2\,k+1}{\frac{N}{2}+k+1}.$$

Denkt man sich jetzt die Größe ε so klein, daß k noch groß gegen die Einheit wird, so ist $W_{k+1}-W_k = \dfrac{d\,W_k}{d\,k}$; dann wird, wenn zugleich $\dfrac{N}{2}$ wiederum groß gegen k ist,

$$\frac{d\,W_k}{W_k} = -\frac{2\,k\,d\,k}{\frac{N}{2}}.$$

Dies ergibt integriert

$$\ln W_k = -\frac{2}{N}k^2 + C,$$

oder

$$W_k = c\,e^{-\frac{2}{N}k^2} = c\,e^{-\frac{(L-M)^2}{2N\varepsilon^2}} = c\,e^{-\frac{(L-M)^2}{2s^2}}.$$

Die Größe $s^2 = N\varepsilon^2$ kann je nach der Art des Grenzübergangs $N\to\infty$, $\varepsilon\to 0$ jede Konstante bedeuten; wenn die Zahl der Einflüsse sich schneller vermehrt, als die Größe ε^2 abnimmt, so ist s^2 groß, es erhalten dann große Abweichungen von M noch immer beträchtliche Wahrscheinlichkeiten; die Kurve verläuft flach; hält aber die Vermehrung nicht mit der Abnahme Schritt, so ist s^2 klein, große Abweichungen werden selten, die L-Werte drängen sich dicht um M zusammen und die Kurve ist steil.

Die Konstante c wird durch die Bedingungen bestimmt, daß die Wahrscheinlichkeit einer Abweichung innerhalb eines kleinen Intervalls diesem Intervall proportional ist und daß die Summe der Wahrscheinlichkeiten aller Abweichungen die Gewißheit also $= 1$ sein muß. Setzt man daher $W_k = W\,dL$ $= c'\,e^{-\frac{(L-M)^2}{2\,s^2}}\,dL$, so ergibt sich

$$1 = c'\int\limits_{-\infty}^{+\infty} e^{-\frac{(L-M)^2}{2\,s^2}}\,dL,$$

somit, da

$$\int\limits_{-\infty}^{+\infty} e^{-x^2}\,dx = \sqrt{\pi}$$

$$c' = \frac{1}{s\,\sqrt{2\,\pi}}.$$

Und folglich die Wahrscheinlichkeit

$$W(L)\,dL = \frac{1}{s\,\sqrt{2\,\pi}}\,e^{-\frac{(L-M)^2}{2\,s^2}}\,dL. \tag{46}$$

Der Verlauf der Kurve $W(L)$ ist in der Abb. 7 S. 24 dargestellt und dort ausführlich diskutiert.

$W(L)\,dL$ gibt für jedes L die Wahrscheinlichkeit oder Häufigkeit des Vorkommens an, man kann also für jede vorgegebene Funktion $F(L)$ deren Mittelwert berechnen, indem man jeden Funktionswert mit der Häufigkeit des zugehörigen L-Wertes multipliziert und diese Produkte von $L = -\infty$ bis $+\infty$ summiert, also

$$\overline{F(L)} = \int\limits_{-\infty}^{+\infty} F(L)\,W(L)\,dL.$$

Die Rechnung wird etwas übersichtlicher, wenn man die Substitution $L = M + s\,\sqrt{2}\cdot x$ einführt. Man hat dann

$$\overline{F(L)} = \frac{1}{\sqrt{\pi}}\int\limits_{-\infty}^{+\infty} F(M + s\,\sqrt{2}\,x)\,e^{-x^2}\,dx.$$

Mit Benutzung der Formeln

$$\int\limits_{0}^{\infty} x\,e^{-x^2}\,dx = \frac{1}{2};\qquad \int\limits_{-\infty}^{+\infty} e^{-x^2}\,dx = \sqrt{\pi};\qquad \int\limits_{-\infty}^{+\infty} x^2\,e^{-x^2}\,dx = \frac{\sqrt{\pi}}{2};$$

$$\int\limits_{-\infty}^{+\infty} x\,e^{-x^2}\,dx = 0$$

findet man z. B. für den Mittelwert von L selbst

$$\overline{L} = \frac{1}{\sqrt{\pi}} \int\limits_{-\infty}^{+\infty} (M + s\,\sqrt{2}\,x)\, e^{-x^2}\, dx = M, \qquad (47)$$

was ja schon aus der Ableitung von W hervorgeht; ferner für die mittlere lineare Streuung (vgl. (30))

$$\overline{|L - M|} = 2\,\frac{1}{\sqrt{\pi}} \int\limits_{0}^{\infty} x\,s\,\sqrt{2}\,e^{-x^2}\, dx = \frac{s}{\sqrt{\dfrac{\pi}{2}}} = \frac{s}{1{,}253} = 0{,}798\,s \quad (48)$$

und für das quadratische Streuungsmaß

$$\overline{(L - M)^2} = \frac{1}{\sqrt{\pi}} \int\limits_{-\infty}^{+\infty} 2\,s\,x^2\,e^{-x^2}\, dx = s. \qquad (49)$$

Der in der Formel der Gaußschen Kurve auftretende Parameter s ist also identisch mit dem früher unter der Bezeichnung s eingeführten Streuungsmaß eines nach dieser Kurve verteilten Kollektivs.

Weiter läßt sich mittels der Funktion $W(L)$ die Wahrscheinlichkeit dafür berechnen, daß ein beliebig herausgegriffener Wert L innerhalb eines gegebenen Intervalles liegt. So ist die Wahrscheinlichkeit, daß L innerhalb eines beiderseits von M gelegenen Streifens von der Breite b fällt,

$$\Phi_b = \int\limits_{-b}^{+b} W(L)\,dL = \frac{1}{\sqrt{\pi}} \int\limits_{-\frac{b}{\sqrt{2}\,s}}^{+\frac{b}{\sqrt{2}\,s}} e^{-x^2}\, dx = \frac{2}{\sqrt{\pi}} \int\limits_{0}^{\frac{b}{\sqrt{2}\,s}} e^{-x^2}\, dx. \qquad (50)$$

Die Funktion $\Phi_b(y) = \dfrac{2}{\sqrt{\pi}} \int\limits_{0}^{y} e^{-x^2}\, dx$, die das Gaußsche Fehlerintegral genannt wird, ist in Tabellenform in den meisten Darstellungen der Wahrscheinlichkeitslehre angegeben. Eine Übersicht ihrer Werte ist auch im Anhang dieser Schrift S. 118 gegeben, jedoch nicht als Funktion von y, sondern von $\sqrt{2}\,y$, weil der Flächeninhalt eines Streifens von der Breite $2b$

$$\Phi_b = \Phi\left(\frac{b}{\sqrt{2}\,s}\right)$$

ist, so daß der Wert $\sqrt{2}\,y$ das Verhältnis $\dfrac{b}{s}$ bedeutet und man somit zu dieser Größe unmittelbar den Flächeninhalt des Streifens $2b$ ablesen kann.

Hieraus lassen sich die folgenden Wahrscheinlichkeiten ableiten:

L innerhalb eines Streifens von der Breite b, von M nach einer Seite:

$$\tfrac{1}{2}\,\Phi_b,$$

L außerhalb eines Streifens von der Breite $2b$, beiderseits von M:

$$1 - \Phi_b,$$

L unterhalb einer Größe $L_1 = M - b$:

$$\tfrac{1}{2}(1 - \Phi_b),$$

L oberhalb einer Größe $L_1 = M + b$:

$$\tfrac{1}{2}(1 - \Phi_b),$$

L zwischen 2 beliebigen Größen L_1 und L_2:

$$\tfrac{1}{2}(\Phi_{L_1-M} - \Phi_{L_2-M}).$$

Werden aus einer Kollektivreihe für die die vorstehenden Betrachtungen gültig sind, auf sehr viele Weisen n Elemente herausgegriffen und jedesmal deren Mittel gebildet, so ist leicht einzusehen, daß diese Serienmittel ebenfalls nach einer Gaußschen Kurve streuen werden, und zwar nach (36) mit einer $\sqrt{n}$ mal kleineren Streuung s. Denn wenn sich schon die Einzelwerte L des Kollektivs so verhalten, als ob sie aus dem Zusammenwirken vieler kleiner gleich großer Einflüsse ε entstünden, so ist genau dasselbe auch für die Mittelwerte von n solchen Werten der Fall, da die einzelnen L-Werte ja ganz unabhängig voneinander zusammentreffen. In der Ableitung ändert sich daher weiter nichts, als daß die Größen N und k beide um das $n$fache vergrößert werden, während ε sich gleichbleibt. Infolgedessen wird die Endformel

$$W_k = c\,e^{-\frac{2k^2 n}{N}} = c\,e^{-\frac{(L-M)^2}{2s^2/n}}$$

d. h. es ergibt sich eine Gaußsche Kurve mit der Streuung

$$s_s = \frac{s}{\sqrt{n}}.$$

Die Wahrscheinlichkeit, daß der Mittelwert innerhalb eines Streifens von der Breite b liegt, ist daher auch entsprechend $= \varPhi\left(\dfrac{b\sqrt{n}}{\sqrt{2}\,s}\right)$, und in der gleichen Weise lassen sich die übrigen Wahrscheinlichkeiten übertragen.

2. Streuung der Streuung.

Will man aus einer herausgegriffenen Serie von n Gliedern die Streuung des ganzen Kollektivs bestimmen, so hat man nach den in Abschnitt 1 entwickelten Gesetzen zunächst das Mittel

$$X_n = \frac{1}{n}(x_1 + x_2 + \cdots + x_n)$$

zu berechnen und dann die Streuung gleich der Größe

$$\sigma^2 = \frac{(x_1 - X_n)^2 + \cdots + (x_n - X_n)^2}{n-1} \tag{51}$$

oder

$$= \frac{n}{n-1}\left[\frac{x_1^2 + \cdots + x_n^2}{n} - \frac{(x_1 + \cdots + x_n)^2}{n^2}\right]$$

zu setzen. Man identifiziert also die so gefundene Größe σ mit der Streuung s, die in der Verteilungsfunktion des Kollektivs

$$W(x)\,dx = \frac{1}{s\sqrt{2\pi}}\, e^{-\frac{x^2}{2s^2}}\,dx \quad \text{[1*]} \tag{52}$$

auftritt. In Wirklichkeit ist aber erst der Wert $\overline{\sigma^2}$, den man bei häufig wiederholter Bestimmung erhalten würde, mit s^2 gleichbedeutend, während beim einzelnen Versuch natürlich σ^2 von s^2 wesentlich verschieden ausfallen kann. Wir fragen demnach: „Wie groß ist die Wahrscheinlichkeit $f(\sigma)\,d\sigma$ dafür, daß eine einzelne Bestimmung nach (51) einen zwischen σ und $\sigma + d\sigma$ liegenden Wert liefert?"

Zur Berechnung von $f(\sigma)\,d\sigma$ veranschaulichen wir uns ein zufällig herausgegriffenes Wertesystem der x_1, x_2, ..., x_n durch einen Punkt in einem n dimensionalen Raum mit den Koordinatenachsen x_1 bis x_n. Die Gesamtheit aller Punkte dieses

---

[1*] Der einfacheren Schreibweise wegen ist hier ein Kollektiv vom Mittelwert $M = 0$ vorausgesetzt. Die Betrachtungen lassen sich ohne Schwierigkeit auf die allgemeine Lage übertragen.

Raumes ist ein eindeutiges Abbild der Gesamtheit aller möglichen zufällig zu erhaltenden Wertsysteme $x_1, x_2, \ldots, x_n$. Die Wahrscheinlichkeit dafür, daß ein Punkt gerade in ein bestimmtes Volumenelement $dx_1, dx_2, \ldots, dx_n$ des Raumes entfällt, ist nach (52) gegeben durch

$$W(x_1)\, W(x_2) \ldots W(x_n)\, dx_1\, dx_2 \ldots dx_n.$$

Damit wird aber unsere gesuchte Funktion $f(\sigma)\, d\sigma$ gleich einem Integral über denjenigen Teil des $x_1 \ldots x_n$-Raumes, für welchen die nach (51) berechnete Größe zwischen σ und $\sigma + d\sigma$ liegt. Also

$$f(\sigma)\, d\sigma = \int \ldots_B \int W(x_1)\, W(x_2) \ldots W(x_n)\, dx_1\, dx_2 \ldots dx_n, \qquad (53)$$

wo der Integrationsbereich B dadurch begrenzt ist, daß ihm nur diejenigen Punkte $x_1 \ldots x_n$ angehören, für welche

$$\sigma^2 \leqq \frac{1}{n-1}\left(x_1^2 + \cdots + x_n^2 - \frac{1}{n}(x_1 + \cdots + x_n)^2\right)$$
$$\leqq (\sigma + d\sigma)^2 \qquad (54)$$

ist.

Der Integrand in (53) ist nach (52) gleichbedeutend mit

$$W(x_1) \ldots W(x_n) = \left(\frac{1}{s\sqrt{2\pi}}\right)^n e^{-\frac{x_1^2 + \cdots + x_n^2}{2 s^2}}.$$

Zur bequemen Berücksichtigung der Grenzen (54) führen wir nun im n-Raum neue Koordinaten $\xi_1, \xi_2, \ldots, \xi_n$ ein, die durch einfache Drehung um den Nullpunkt aus den $x_1, \ldots, x_n$ entstehen sollen. Und zwar soll speziell ξ_1 in Richtung der positiven Raumdiagonale des x-Koordinatensystems zeigen. Alsdann wird

$$\xi_1 = \frac{1}{\sqrt{n}}\, x_1 + \frac{1}{\sqrt{n}}\, x_2 + \cdots + \frac{1}{\sqrt{n}}\, x_n,$$

wo der Faktor $\frac{1}{\sqrt{n}}$ dadurch bedingt ist, daß die Summe der Koeffizientenquadrate gleich eins sein muß. Die Formeln für $\xi_2, \xi_3, \ldots$ brauchen wir nicht explizite hinzuschreiben, da ja jedenfalls

$$\xi_1^2 + \cdots + \xi_n^2 = x_1^2 + \cdots + x_n^2$$

und

$$d\xi_1\, d\xi_2 \ldots d\xi_n = dx_1\, dx_2 \ldots dx_n$$

ist. Denn es wird jetzt

$$x_1{}^2 + \cdots + x_n{}^2 - \frac{1}{n}(x_1 + \cdots + x_n)^2$$
$$= \xi_1{}^2 + \cdots + \xi_n{}^2 - \frac{1}{n}(\sqrt{n}\,\xi_1)^2 = \xi_2{}^2 + \xi_3{}^3 + \cdots + \xi_n{}^2.$$

Es wird also nach der Transformation

$$f(\sigma)\,d\sigma = \left(\frac{1}{s\sqrt{2\pi}}\right)^n \int \cdots \int_{B'} e^{-\frac{\xi_1{}^2 + \cdots + \xi_n{}^2}{2s^2}}\,d\xi_1 \cdots d\xi_n,$$

wo der Bereich B' jetzt gegeben ist durch

$$(\sqrt{n-1}\,\sigma)^2 \leqq \xi_2{}^2 + \cdots + \xi_n{}^2 \leqq (\sqrt{n-1}\,(\sigma + d\sigma))^2. \quad (55)$$

ξ_1 tritt in der Grenze nicht mehr auf, ist also von $-\infty$ bis $+\infty$ zu integrieren. Außerdem kann man im Integranden $\xi_2{}^2 + \cdots + \xi_n{}^2$ nach (55) durch $(n-1)\sigma^2$ ersetzen und erhält

$$f(\sigma)\,d\sigma = \left(\frac{1}{s\sqrt{2\pi}}\right)^{n-1} e^{-\frac{(n-1)\,\sigma^2}{2s^2}} \int \cdots \int_{B'} d\xi_2 \cdots d\xi_n. \quad (56)$$

Das noch verbleibende Integral ist nach (55) das Volumen einer Kugelschale im $(n-1)$-dimensionalen Raum vom Radius

$$R = \sqrt{n-1}\,\sigma$$

und der Dicke

$$dR = \sqrt{n-1}\,d\sigma.$$

Da das Volumen einer Vollkugel im $n-1$-Raum mit R^{n-1} proportional ist, so wird das Volumen der Schale proportional zu $R^{n-2}\,dR$

$$\int \cdots \int_{B'} d\xi_2 \cdots d\xi_n = \text{const}\,(\sqrt{n-1}\,\sigma)^{n-2}\,\sqrt{n-1}\,d\sigma, \quad (57)$$

wo der mit const bezeichnete Faktor nur noch von n, aber nicht mehr von σ und s abhängt. Durch Einsetzen von (57) in (56) resultiert die Lösung der gestellten Aufgabe in der Form

$$f(\sigma)\,d\sigma = C_n\,e^{-\frac{n-1}{2}\frac{\sigma^2}{s^2}}\,\frac{\sigma^{n-2}}{s^{n-1}}\,d\sigma, \quad (58)$$

wo die Größe C_n nur noch von n abhängt und z. B. durch die Bedingung

$$\int_0^\infty f(\sigma)\,d\sigma = 1$$

festgelegt werden kann. Also

$$\frac{1}{C_n} = \int_0^\infty e^{-\frac{n-1}{2}\frac{\sigma^2}{s^2}}\,\frac{\sigma^{n-2}}{s^{n-1}}\,d\sigma = \left(\frac{n-1}{2}\right)^{-\frac{n-1}{2}}\int_0^\infty e^{-x^2}\,x^{n-2}\,dx\,. \qquad (59)$$

Dies Integral läßt sich auswerten und ergibt

für ungerades n
$$C_n = \frac{2\left(\dfrac{n-1}{2}\right)^{\frac{n-1}{2}}}{\left(\dfrac{n-3}{2}\right)!}\,, \qquad (60\,\mathrm{a})$$

für gerades n
$$C_n = \frac{2^{\frac{n}{2}}\left(\dfrac{n-1}{2}\right)^{\frac{n-1}{2}}}{\sqrt{\pi}\,(n-3)\,(n-5)\cdots 3\cdot 1}\,; \qquad (60\,\mathrm{b})$$

z. B. wird danach

$$C_5 = \frac{2\cdot 2^2}{1} = 8; \qquad C_{10} = \frac{2^5\,(4,5)^{4,5}}{\sqrt{\pi}\,7\cdot 5\cdot 3} = 150\,.$$

Die durch (58) gegebene Verteilungskurve aller möglichen Streuungen, welche man durch Messung an einer gegebenen Gaußschen Kurve einmal an Serien zu 5, ein anderes Mal an Serien zu 10 Gliedern gewinnen kann, ist in Abb. 19 zeichnerisch dargestellt. Als Abszisse diente dabei das Verhältnis $\dfrac{\sigma}{s}$ der gefundenen Streuung zur wahren Streuung. Man erkennt an der Darstellung den unsymetrischen Charakter der Verteilung, sowie vor allem die Abnahme der Streuung beim Übergang von $n = 5$ zu $n = 10$. Ferner fällt an der Zeichnung die Tatsache ins Auge, daß das Maximum der Verteilung nicht bei 1 liegt, sondern bei Werten, die um so weiter von 1 nach kleineren Werten hin abweichen, je kleiner die Zahl n ist. Wir

wollen diese Verhältnisse auch noch rechnerisch prüfen, indem
wir den wahrscheinlichsten Wert, d. h. das Maximum der Verteilungskurve, den Mittelwert und die Streuung sowohl für σ
wie für σ^2 wirklich ausrechnen.

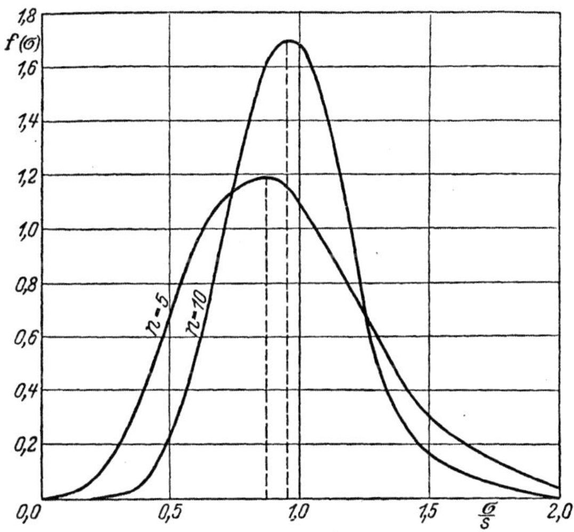

Abb. 19. Verteilungskurven der gefundenen Streuungen.

Da es bei allen diesen Größen nur auf den relativen Wert
im Verhältnis zu s ankommt, führen wir zunächst in die Verteilungsfunktion $f(\sigma)$ die Größe $v = \dfrac{\sigma}{s}$ ein, und finden

$$f(v)\,dv = C_n\, e^{-\frac{n-1}{2}v^2}\, v^{n-2}\, dv\,. \tag{61}$$

Wahrscheinlichster Wert $v_w = \left(\dfrac{\sigma}{s}\right)_w$.

Man differenziert (61), setzt gleich 0 und erhält

$$v_w = \sqrt{\frac{n-2}{n-1}}\,. \tag{62}$$

Mittelwert $\qquad\qquad \bar{v} = \left(\dfrac{\sigma}{s}\right)\,.$

Mit Benutzung von (58) ist

$$\bar{v} = \int_0^\infty v\,f(v)\,dv = C_n \int_0^\infty e^{-\frac{n-1}{2}v^2} v^{n-1}\,dv$$

$$= C_n \left(\frac{n-1}{2}\right)^{-\frac{n}{2}} \int_0^\infty e^{-x^2} x^{n-1}\,dx = \frac{C_n}{C_{n+1}}\,\frac{\left(\dfrac{n}{2}\right)^{\frac{n}{2}}}{\left(\dfrac{n-1}{2}\right)^{\frac{n}{2}}}$$

oder nach (60a) und (b)

$$\left.\begin{aligned}
\text{für ungerades } n: \quad \bar{v}_n &= \frac{\sqrt{\pi}}{2\sqrt{\dfrac{n-1}{2}}}\,\frac{3\cdot 5 \cdots (n-2)}{2\cdot 4 \cdots (n-3)}\\[2ex]
\text{für gerades } n: \quad \bar{v}_n &= \frac{1}{\sqrt{\pi}\sqrt{\dfrac{n-1}{2}}}\,\frac{2\cdot 4 \cdots (n-2)}{3\cdot 5 \cdots (n-3)}
\end{aligned}\right\} \quad (63)$$

Hieraus kann $\bar{v}$ tabellarisch berechnet werden (siehe Tabelle 13, S. 95).

Streuung von v.

Nach (31) ist die Streuung $\sqrt{\overline{v^2} - \bar{v}^2}$. Nun muß $\overline{v^2}$, also der Mittelwert von $\dfrac{\sigma^2}{s^2}$, gleich 1 sein, wie unmittelbar einleuchtet und weiterhin auch noch rechnerisch nachgeprüft werden wird [vgl. (68)]. Demnach ist die relative Streuung

$$s_v = \sqrt{1 - (\bar{v})^2} \qquad (64)$$

kann also, sobald $\bar{v}$ berechnet ist, ebenfalls gefunden werden (vgl. Tabelle 13, S. 95).

Um die entsprechenden Größen für v^2 zu finden, führen wir des weiteren v^2 in die Verteilungsfunktion ein durch die Substitution $v^2 = z$. Man erhält

$$g(z)\,dz = \frac{1}{2} C_n\, e^{-\frac{n-1}{2}z}\, z^{\frac{n-3}{2}}\,dz. \qquad (65)$$

Für Verteilungen der Form $e^{-ax}x^b$ ergibt sich nun allgemein

$$\left.\begin{array}{l} x_w = \dfrac{b}{a} \\[2mm] \bar{x} = \dfrac{b+1}{a} \\[2mm] \overline{x^2} = \dfrac{(b+2)(b+1)}{a^2} \end{array}\right\}, \qquad (66\,\text{a, b, c})$$

das Streuungsquadrat

$$\overline{x^2} - \bar{x}^2 = \frac{b+1}{a^2} \qquad (66\,\text{d})$$

und das relative Streuungsquadrat

$$\frac{\overline{x^2} - \bar{x}^2}{\bar{x}^2} = \frac{1}{b+1}. \qquad (66\,\text{e})$$

Tabelle 13.

$$\text{Mittelwerte } \left(\overline{\frac{\sigma}{s}}\right) \text{ und wahrscheinlichste Werte } \left(\frac{\sigma}{s}\right)_w$$
$$\text{für verschiedene } n.$$

n	$\bar{v} = \dfrac{\bar{\sigma}}{s}$	$v_w = \left(\dfrac{\sigma}{s}\right)_w$	Mittlerer Fehler in $^0/_0$	
			für σ	für σ^2
2	0,798	0	60	141
3	0,886	0,706	46,4	100
4	0,922	0,816	38,7	82
5	0,939	0,866	34,3	71
6	0,951	0,895	31,0	63,4
7	0,958	0,913	28,6	57,7
8	0,966	0,926	25,9	53,5
9	0,970	0,936	24,3	50,0
10	0,973	0,942	23,1	47,2
$\vdots$	$\vdots$	$\vdots$	$\vdots$	$\vdots$
20	0,987	0,974	16,1	32,5
$\vdots$			$\vdots$	$\vdots$
100			[7,5]	15

Folglich ist nach (65) und (66) der wahrscheinlichste Wert

$$(v^2)_w = \frac{n-3}{n-2},\qquad (67)$$

der Mittelwert

$$\overline{v^2} = \frac{n-1}{n-1} = 1 \qquad (68)$$

die relative Streuung

$$s_{v^2} = \sqrt{\frac{1}{\frac{n-1}{2}}} = \sqrt{\frac{2}{n-1}}.\qquad (69)$$

In Tabelle 13 sind für eine Reihe von n-Werten der wahrscheinlichste Wert v_w, der Mittelwert $\bar{v}$ und die relative Streuung oder der mittlere Fehler für v und v^2 nach Formel (62), (63), (64) und (69) zusammengestellt.

Für größere n ist der mittlere Fehler für σ^2 nahezu doppelt so groß wie derjenige für σ, wie von vornherein zu erwarten war. Für n größer als 4 darf man daher mit ausreichender Näherung den mittleren Fehler für σ gleich $\frac{1}{2}\sqrt{\frac{2}{n-1}}$, also den prozentischen Fehler gleich $\frac{100}{\sqrt{2(n-1)}}$ setzen, was sich sehr viel bequemer berechnen läßt.

3. „Sicherheitsbreite" bei Mittelwertbestimmung.

Wenn aus einer Kollektivreihe vom Mittelwert M und der Streuung s sehr oft Serien zu je n Elementen entnommen werden, so streuen nach (46) und (36) die Mittelwerte X_n dieser Serien nach dem Gesetz

$$W(X_n)\,dX_n = \frac{\sqrt{n}}{s\sqrt{2\pi}}\,e^{-\frac{n}{2s^2}(M-X_n)^2}\,dX_n.\qquad (70)$$

Wir können nun durch eine Zahl D, die etwa gleich 1 oder 2 oder 3 sein kann, einen gewissen Bereich der X_n in folgender Weise abgrenzen:

$$M - D\,s\sqrt{\frac{2}{n}} \leq X_n \leq M + D\,s\sqrt{\frac{2}{n}}\qquad (71)$$

und nach der Wahrscheinlichkeit $\Phi(D)$ dafür fragen, daß X_n im

Innern dieses Bereiches liegt. Diese Aufgabe war schon S. 87 ausführlich behandelt und ergab, da

$$D s \sqrt{\frac{2}{n}} = b$$

zu setzen ist,

$$\Phi(D) = \frac{\sqrt{n}}{s \sqrt{2\pi}} \int\limits_{M - Ds \sqrt{\frac{2}{n}}}^{M + Ds \sqrt{\frac{2}{n}}} e^{-\frac{n}{2 s^2}(M - X_n)^2} dX_n = \frac{2}{\sqrt{\pi}} \int\limits_0^D e^{-y^2} dy \,,$$

wie man nach der Substitution

$$\frac{\sqrt{n}}{\sqrt{2} \, s}(M - X_n) = y$$

leicht verifiziert. $\Phi(D)$ ist nichts anderes als das Gaußsche Fehlerintegral, für welches im Anhang, S. 118, eine Tabelle gegeben ist (vgl. auch S. 87).

Beim praktischen Versuch kennen wir nun von vornherein weder den Mittelwert M noch die Streuung s. Wenn wir eine Serie von n Werten $x_1, x_2, \ldots, x_n$ herausgegriffen haben, können wir daraus nur einen Mittelwert

$$X_n = \frac{1}{n}(x_1 + \cdots + x_n)$$

und eine Streuung

$$\sigma^2 = \frac{n}{n-1}\left[\frac{x_1^2 + \cdots + x_n^2}{n} - X_n^2\right]$$

bilden und danach eine Vermutung über den Wert von M und s aussprechen. Speziell können wir unter Benutzung der gefundenen Zahl σ und der oben bereits eingeführten Größe D hinsichtlich der Lage von M vermuten, daß

$$X_n - Ds \sqrt{\frac{2}{n}} \leqq M \leqq X_n + Ds \sqrt{\frac{2}{n}} \tag{72}$$

ist. Wir fragen nun:

Wie groß ist die Wahrscheinlichkeit dafür, daß die in (72) vermutete Lage von M der Wirklichkeit entspricht?

Diese Wahrscheinlichkeit wollen wir mit $\gamma(D)$ bezeichnen.

Zur Berechnung nehmen wir zunächst an, M und s seien bekannt. Die möglichen Werte von X_n und σ veranschaulichen wir uns in einer X_n,σ-Ebene (Abb. 20). Wir markieren die Stelle M auf der X_n-Achse und ziehen durch M die beiden Geraden

$$X_n = M + D\,\sigma\,\sqrt{\frac{2}{n}}$$

und

$$X_n = M - D\,\sigma\,\sqrt{\frac{2}{n}},$$

welche den in der Abbildung schraffierten Sektor miteinander einschließen. Man sieht jetzt folgendes: Wenn der zufällig erhaltene Punkt σ, X_n der Ebene innerhalb dieses Sektors liegt, so ist Bedingung (72) erfüllt, andernfalls dagegen (σ, X_n außerhalb des Sektors) ist (72) nicht erfüllt. Die gesuchte Wahrscheinlichkeit $\gamma(D)$ ist also gleichbedeutend mit der Wahrscheinlichkeit dafür, daß der Punkt σ, X_n in den schraffierten Sektor fällt oder daß

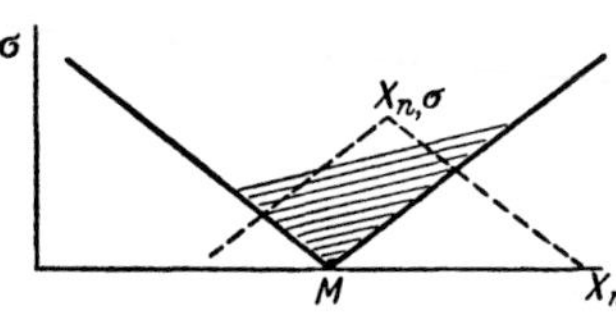

Abb. 20. Gültigkeitsbereich von (72).

$$M - D\,\sigma\,\sqrt{\frac{2}{n}} \leqq X_n \leqq M + D\,\sigma\,\sqrt{\frac{2}{n}}$$

wird, wie auch aus (72) unmittelbar hervorgeht. Da wir die Wahrscheinlichkeiten für X_n und σ kennen, erhalten wir somit

$$\gamma(D) = \int\limits_{0}^{\infty} f(\sigma)\,d(\sigma) \int\limits_{M-D\sigma\sqrt{\frac{2}{n}}}^{M+D\sigma\sqrt{\frac{2}{n}}} W(X_n)\,dX_n. \tag{73}$$

Wir entnehmen $f(\sigma)$ aus (58) und $W(X_n)$ aus (70):

$$\gamma(D) = C_n\,\frac{1}{s}\,\sqrt{\frac{n}{2\pi}} \int\limits_{0}^{\infty} e^{-\frac{n-1}{2}\frac{\sigma^2}{s^2}}\,\frac{\sigma^{n-2}}{s^{n-1}}\,d\sigma \int\limits_{M-D\sigma\sqrt{\frac{2}{n}}}^{M+D\sigma\sqrt{\frac{2}{n}}} e^{-\frac{n}{2s^2}(M-X_n)^2}\,dX_n$$

also mit der schon benutzten Substitution

$$\frac{1}{s}\sqrt{\frac{n}{2\pi}}\,(X_n - M) = y \qquad \text{und} \qquad \frac{\sigma}{s} = v$$

$$\gamma(D) = C_n \frac{1}{\sqrt{\pi}} \int\limits_{0}^{\infty} e^{-\frac{n-1}{2}v^2}\, v^{n-2}\, dv \int\limits_{-Dv}^{+Dv} e^{-y^2}\, dy\,.$$

Substituiere ich weiterhin

$$\frac{n-1}{2}\,v^2 = x^2, \qquad \text{also} \qquad v = x\left(\frac{n-1}{2}\right)^{-\frac{1}{2}}$$

und bezeichne

$$D\sqrt{\frac{2}{n-1}} = K,$$

so wird

$$\gamma(D) = \frac{C_n}{\sqrt{\pi}}\left(\frac{n-1}{2}\right)^{-\frac{n-1}{2}} \int\limits_{x=0}^{\infty} \int\limits_{y=-Kx}^{+Kx} e^{-(x^2+y^2)}\, x^{n-2}\, dx\, dy\,.$$

Der Integrationsbereich ist der Sektor der
xy-Ebene, dessen Kanten mit der x-Achse
den Winkel $\pm\,\alpha$ bilden, wobei

$$\operatorname{tg}\alpha = K = D\sqrt{\frac{2}{n-1}}$$

ist (Abb. 21). Mit Polarkoordinaten

$$x = r\cos\varphi$$
$$y = r\sin\varphi$$
$$dx\,dy = r\,dr\,d\varphi$$

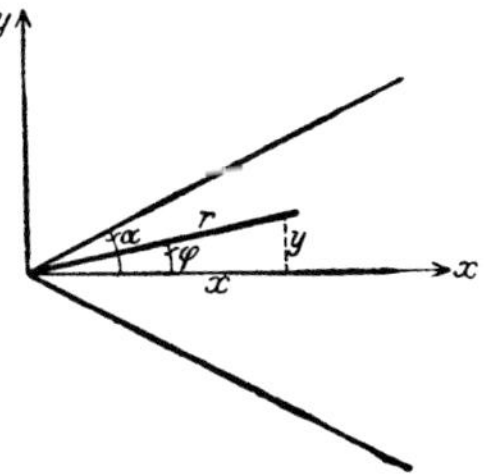

Abb. 21. Integrationsbereich
für $\gamma(D)$.

wird

$$e^{-(x^2+y^2)}\,x^{n-2}\,dx\,dy = e^{-r^2}\,r^{n-1}(\cos\varphi)^{n-2}\,d\varphi\,dr$$

und damit

$$\gamma(D) = \frac{C_n}{\sqrt{\pi}}\left(\frac{n-1}{2}\right)^{-\frac{n-1}{2}} \int\limits_{0}^{\infty} e^{-r^2}\,r^{n-1}\,dr\; 2\int\limits_{0}^{\alpha}(\cos\varphi)^{n-2}\,d\varphi\,.$$

Die Berechnung des von D bzw. α unabhängigen Faktors können
wir uns ersparen durch die Bemerkung, daß für $D = \infty$ oder

7*

$\alpha = \dfrac{\pi}{2}$ γ gleich 1 werden muß, so daß die vollständige Lösung lautet:

$$\gamma_n(D) = \frac{\displaystyle\int_0^\alpha \cos^{n-2}\varphi\, d\varphi}{\displaystyle\int_0^{\pi/2} \cos^{n-2}\varphi\, d\varphi}\,; \qquad \operatorname{tg}\alpha = D\sqrt{\frac{2}{n-1}}\,. \tag{74}$$

Eine andere Schreibweise für (74) folgt aus der Substitution

$$\operatorname{tg}\varphi = k; \qquad \cos^2\varphi = \frac{1}{1+k^2}; \qquad \frac{d\varphi}{\cos^2\varphi} = dk$$

$$\gamma(D) = \frac{\displaystyle\int_0^K (1+k^2)^{-\frac{n}{2}}\, dk}{\displaystyle\int_0^\infty (1+k^2)^{-\frac{n}{2}}\, dk}\,; \qquad K = D\sqrt{\frac{2}{n-1}}\,.$$

Da $\gamma(D)$ praktisch nahe gleich 1 sein wird, empfiehlt sich vielleicht für Zahlenrechnungen die Substitution

$$\Psi = \frac{\pi}{2} - \alpha; \qquad \operatorname{cotg}\Psi = D\sqrt{\frac{2}{n-1}}\,,$$

womit sich (74) schreiben läßt:

$$\gamma_n(D) = 1 - \frac{\displaystyle\int_0^\Psi \sin^{n-2}\varphi\, d\varphi}{\displaystyle\int_0^{\pi/2} \cos^{n-2}\varphi\, d\varphi}\,.$$

Die Rechnung wurde durchgeführt für $n = 5$ und $n = 10$. Nach der Gl. (74) erhält man für diese beiden Fälle die folgenden Werte von γ

$$\gamma_5(D) = \frac{1}{8}\left[9\sin\alpha + \sin 3\alpha\right]$$

$$\gamma_{10}(D) = 1 - \frac{2}{\pi}\left[\Psi - \frac{1}{2}\sin 2\Psi\left\{1 + \frac{2}{3}\sin^2\Psi \right.\right.$$
$$\left.\left. + \frac{4\cdot 2}{5\cdot 3}\sin^4\Psi + \frac{6\cdot 4\cdot 2}{7\cdot 5\cdot 3}\sin^6\Psi\right\}\right].$$

Diese Funktionen γ_5 und γ_{10} von D sind in der Abb. 22 zeichnerisch dargestellt, zusammen mit der für $\Phi(D)$ gezeichneten Kurve des gewöhnlichen Fehlerintegrals. Während diese 3 Kurven für kleine Werte von D sehr nahe zusammenlaufen, entfernen sie sich für größere Werte sehr beträchtlich voneinander. Vergleicht man die Kurven z. B. für $D = 2$, so entnimmt man aus der Abbildung, daß alsdann nur 0,5 % der Mittelwerte außerhalb der durch Gl. (71) gegebenen Grenze liegen, während

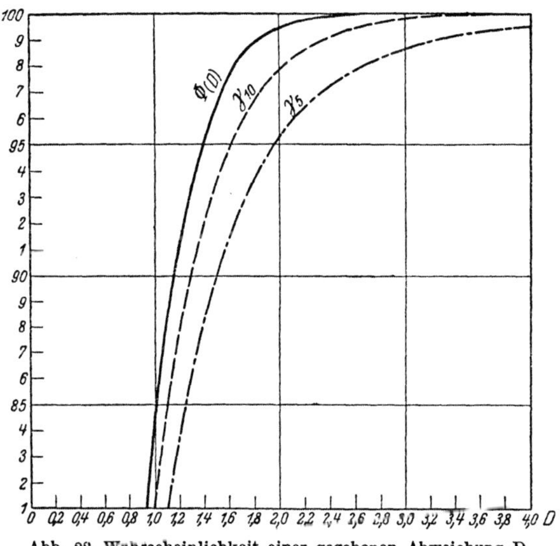

Abb. 22. Wahrscheinlichkeit einer gegebenen Abweichung D vom wahren Mittelwert für $n = 5$, 10 und ∞.

umgekehrt die Wahrscheinlichkeit dafür, daß der wahre Mittelwert M außerhalb der durch Gl. (72) gegebenen Grenzen liegt, im Falle $n = 5$ 4,8 % und im Falle $n = 10$ 2,0 % beträgt. Man erkennt zugleich, daß diese Unterschiede sehr ins Gewicht fallen, sobald man auf eine exakte Angabe des Fehlerrisikos Wert legt.

III. Vergleich zweier Kollektivgegenstände.

1. Wahrscheinlichkeit eines gegebenen Unterschiedes einzelner Werte.

Gegeben seien zwei Kollektivgegenstände A und B, mit den Mittelwerten M_a und M_b und den Streuungen s_a bzw. s_b. Die Differenz $M_b - M_a$ sei mit D bezeichnet, und zwar positiv, wenn M_b größer, negativ, wenn M_a größer ist. Wenn jetzt δ den Unterschied zweier beliebig aus A und B herausgegriffener Elemente bezeichnet, so kann δ offenbar jeden Wert zwischen $-\infty$ und $+\infty$ mit einer gewissen Wahrscheinlichkeit $V(D, \delta)$, die von den Verteilungsfunktionen der A und B abhängt, annehmen. D. h. es ist $V(D, \delta)\,d\delta$ die Wahrscheinlichkeit dafür, daß der gefundene Unterschied zwischen δ und $\delta + d\delta$ liegt. Wir wollen diese Funktion $V(D, \delta)$ berechnen. Die Verteilungsfunktionen, die den Kollektiven A und B entsprechen, seien $\varphi_a(L - M_a)$ und $\varphi_b(L - M_b)$, so daß also $\varphi_a(L - M_a)\,dL$ die Wahrscheinlichkeit ist, daß ein A-Element zwischen L und $L + dL$ liegt. Die Zahl der in A bzw. B enthaltenen Elemente sei N_a bzw. N_b. Dann ist die Zahl aller möglichen Paare von Elementen, die zur Bestimmung von δ benutzt werden können, $N_a \cdot N_b$. Es ist nun zu berechnen, wieviele von diesen $N_a N_b$ Paaren gerade eine zwischen δ und $\delta + d\delta$ liegende Differenz ergeben. Dazu fassen wir einen sehr schmalen Lebensdauerbereich dL ins Auge. In diesem liegen $N_a \varphi_a(L - M_a)\,dL$ Elemente von A. Die B-Elemente nun, welche mit diesen zusammen eine zwischen δ und $\delta + d\delta$ liegende Differenz ergeben, sind diejenigen, welche in dem Abschnitt $L + \delta$ bis $L + \delta + d\delta$ enthalten sind. Deren Anzahl ist aber $N_b \varphi_b(L + \delta - M_b)\,d\delta$, so daß die bei L liegenden A-Elemente genau

$$N_a N_b \varphi_a(L - M_a)\,\varphi_b(L + \delta - M_b)\,dL\,d\delta$$

Kombinationen der gesuchten Art ergeben. Daraus erhalten wir die Zahl der gesuchten Kombinationen überhaupt durch Integration nach L, und die Wahrscheinlichkeit $V(D, \delta)\,d\delta$ durch Division mit $N_a N_b$, der Zahl der überhaupt möglichen Kombinationen. Somit ergibt sich

$$V(D, \delta)\,d\delta = \int_{-\infty}^{+\infty} \varphi_a(L - M_a)\,\varphi_b(L - M_b + \delta)\,dL\,d\delta. \qquad (75)$$

Nun hatten wir aber einen ganz bestimmten Wert von D für die Differenz $M_b - M_a$ vorausgesetzt. Ersetzt man demnach M_b in (75) durch $M_a + D$ und führt an Stelle von L die Größe $L - M_a = x$ als Integrationsvariable ein, so wird

$$V(D, \delta) = \int_{-\infty}^{+\infty} \varphi_a(x)\,\varphi_b(x - (D - \delta))\,dx. \qquad (76)$$

V hängt also selbst bei dem vollkommen allgemeinen Ansatz beliebiger Verteilungsfunktionen nur von der Differenz $D - \delta$ ab. Im allgemeinen wird es für $D = \delta$ sein Maximum haben und für wachsende Beträge von $|D - \delta|$ gegen Null gehen.

Für den Fall, daß die Kollektivreihen A und B nach Gaußschen Kurven verteilt sind, läßt sich $V(D, \delta)$ vollständig berechnen. Wir setzen also

$$\varphi_a(L - M_a) = \frac{1}{s_a\sqrt{2\pi}}\, e^{-\frac{(L-M_a)^2}{2\,s_a^2}} = \frac{1}{s_a\sqrt{2\pi}}\, e^{-\frac{x^2}{2\,s_a^2}},$$

$$\varphi_b(L - M_b) = \frac{1}{s_b\sqrt{2\pi}}\, e^{-\frac{(L-M_b)^2}{2\,s_b^2}} = \frac{1}{s_b\sqrt{2\pi}}\, e^{-\frac{(x-D)^2}{2\,s_b^2}}.$$

Dann ist nach (39)

$$V(D, \delta) = \frac{1}{s_a\,s_b\,2\pi} \int\limits_{-\infty}^{+\infty} e^{-\left(\frac{x^2}{2\,s_a^2} + \frac{(x-(D-\delta))^2}{2\,s_b^2}\right)}\, dx. \qquad (77)$$

Den Exponenten formen wir in folgender Weise um

$$-\left(\frac{x^2}{2\,s_a^2} + \frac{(x-(D-\delta))^2}{2\,s_b^2}\right) = -\frac{1}{2}\left[x^2\left(\frac{1}{s_a^2} + \frac{1}{s_b^2}\right) - 2x\,\frac{D-\delta}{s_b^2} + \frac{(D-\delta)^2}{s_b^2}\right].$$

Setzt man dafür zur Abkürzung

$$-\tfrac{1}{2}\left[x^2\,\alpha - 2x\,\beta + \gamma\right],$$

so kann man auch schreiben

$$-\frac{\alpha}{2}\left[x^2 - 2x\,\frac{\beta}{\alpha} + \left(\frac{\beta}{\alpha}\right)^2 - \left(\frac{\beta}{\alpha}\right)^2 + \frac{\gamma}{\alpha}\right] = -\frac{\alpha}{2}\left(x - \frac{\beta}{\alpha}\right)^2 - \frac{\gamma\,\alpha - \beta^2}{2\,\alpha}.$$

Mit den Werten für α, β und γ wird

$$\frac{\gamma\,\alpha - \beta^2}{2\,\alpha} = \frac{(D-\delta)^2}{2\,(s_a^2 + s_b^2)}.$$

Ferner ist

$$\int\limits_{-\infty}^{+\infty} e^{-\frac{\alpha}{2}\left(x - \frac{\beta}{\alpha}\right)^2}\, dx = \sqrt{\frac{2\pi}{\alpha}}.$$

Setzt man dies alles in (77) ein, so ergibt sich

$$V(D, \delta) = \frac{1}{\sqrt{s_a^2 + s_b^2}\,\sqrt{2\pi}}\, e^{-\frac{(D-\delta)^2}{2\,(s_a^2 + s_b^2)}}, \qquad (78)$$

oder wenn man $s_a{}^2 + s_b{}^2 = s^2$ einführt,

$$V(D, \delta) = \frac{1}{s\sqrt{2\pi}}\, e^{-\frac{(D-\delta)^2}{2s^2}} . \qquad (78\,a)$$

Die Verteilungsfunktion der δ ist also eine Gaußsche Kurve mit dem Mittelwert D, und einem Streuungsquadrat gleich der Summe der Streuungsquadrate der A und B.

2. Wahrscheinlichkeit eines gegebenen Unterschiedes der Mittelwerte.

Es ist damit die Aufgabe gelöst, bei zwei Kollektiven mit gegebener Differenz D der Mittelwerte die Wahrscheinlichkeit einer beliebigen Differenz zweier einzelner Elemente anzugeben. Wir können nun aber auch die umgekehrte Aufgabe ins Auge fassen. Bei den Kollektiven A und B sei zwar die allgemeine Form der Verteilungskurve bekannt, die Mittelwerte selbst aber nicht. Gegeben sei die Differenz δ zweier herausgegriffener Elemente aus beiden Kollektiven. Gefragt wird: Mit welcher Wahrscheinlichkeit kann daraus auf das Bestehen eines Unterschiedes D der beiden Mittelwerte geschlossen werden, oder genauer: Welches ist die Wahrscheinlichkeit $V'(D, \delta)\,dD$, daß der Unterschied $M_b - M_a$ zwischen D und $D + dD$ liegt?

Die Größe $V'(D)$ ist ein Spezialfall der von der üblichen Theorie als „Wahrscheinlichkeit der Ursachen" bezeichneten Größen, indem die Werte M_a und M_b als „Ursachen" und die gemessenen Werte L_a und L_b, aus denen die Differenz δ entstanden ist, als deren Wirkungen angesehen werden.

Die Verteilungsfunktionen der Kollektive A und B seien wieder $\varphi_a(L - M_a)$ und $\varphi_b(L - M_b)$. Wir betrachten zunächst das einfachere Problem, daß nur ein Wert L gemessen sei, und daß nach der Wahrscheinlichkeit $w(L, M)\,dM$ dafür gefragt ist, daß der Mittelwert des Kollektivs, zu dem L gehört, zwischen M und $M + dM$ liegt.

Zur noch weiteren Reduktion des Problems stellen wir uns vorerst folgende Frage. Vorgelegt sind 10 Haufen von der Verteilungsfunktion $\varphi(L - M_k)$ mit den 10 verschiedenen Mittelwerten $M_1, M_2, \ldots, M_{10}$. Ich ziehe eine Probe und finde den Wert L, ohne zu wissen, aus welchem der 10 Haufen die Probe stammt. Wie groß ist die Wahrscheinlichkeit, daß die Probe gerade aus dem ersten Haufen stammt?

Ich berechne dazu

1. die Wahrscheinlichkeit w_1 dafür, eine zum ersten Haufen gehörige und zwischen L und $L + dL$ liegende Probe zu bekommen;

2. die Wahrscheinlichkeit w_2 dafür, überhaupt eine zwischen L und $L + dL$ liegende Probe zu finden.

Die Wahrscheinlichkeit, bei der Probenahme gerade den ersten der zehn Haufen zu bekommen, ist $\frac{1}{10}$; soll außerdem L zwischen L und $L + dL$ liegen, so ist offenbar

$$w_1 = \tfrac{1}{10} \varphi (L - M_1)\, dL.$$

w_2 folgt daraus einfach durch Summation von w_1 über alle 10 Haufen, so daß also im ganzen die Wahrscheinlichkeit

$$\frac{w_1}{w_2} = \frac{\varphi (L - M_1)}{\varphi (L - M_1) + \varphi (L - M_2) + \cdots + \varphi (L - M_{10})}$$

dafür besteht, daß L aus dem Haufen M_1 stammt. Dabei ist angenommen, daß es von vornherein gleich wahrscheinlich sei, bei der Probenahme in den ersten oder zweiten oder dritten usw. Haufen zu greifen. Nehmen wir nun an, der Haufen M_1 existiere in ω_1, der Haufen M_2 in ω_2 Exemplaren, so daß im ganzen statt der 10 Haufen jetzt deren $\omega_1 + \omega_2 + \cdots + \omega_{10}$ gleichwahrscheinliche Haufen vorhanden sind, so ist die „a priori-Wahrscheinlichkeit" für einen Haufen M_1 nicht mehr $\frac{1}{10}$, sondern

$$\frac{\omega_1}{\omega_1 + \omega_2 + \cdots + \omega_{10}},$$ so daß nunmehr wird

$$\frac{w_1}{w_2} = \frac{\omega_1\, \varphi (L - M_1)}{\omega_1\, \varphi (L - M_1) + \omega_2\, \varphi (L - M_2) + \cdots + \omega_{10}\, \varphi (L - M_{10})}. \quad (79)$$

Jetzt ist die Verallgemeinerung auf sehr viele vorgelegte Haufen unmittelbar gegeben. Sind die M-Werte dieser Haufen derart verteilt, daß

$$\omega (M)\, dM$$

den Bruchteil der zwischen M und $M + dM$ liegenden Haufen bedeutet, so ist eben $\omega (M)\, dM$ die a priori-Wahrscheinlichkeit, bei der Probenahme in einen derartigen Haufen zu greifen. Es besteht also die Wahrscheinlichkeit $w_1 = \varphi (L - M)\, \omega (M)\, dM\, dL$ dafür, daß ich bei der Probenahme in einen Haufen des Bereiches M, dM greife und dabei einen Wert L bis $L + dL$

erhalte, während die Wahrscheinlichkeit überhaupt einen Wert L, dL zu erhalten gegeben ist durch

$$w_2 = dL \int\limits_{-\infty}^{+\infty} \varphi(M - L)\, \omega(M)\, dM.$$

Der Quotient ist nun offenbar identisch mit der gesuchten Größe

$$w(L, M)\, dM = \frac{w_1}{w_2} = \frac{\omega(M)\, \varphi(L - M)\, dM}{\int\limits_{-\infty}^{+\infty} \omega(M)\, \varphi(L - M)\, dM}. \tag{80}$$

Das ist also die Wahrscheinlichkeit dafür, daß der M-Wert des Haufens, aus dem die Probe L gezogen wurde, zwischen M und $M + dM$ liegt. $\omega(M)$ bedeutet darin die a priori-Wahrscheinlichkeit des Wertes M in dem oben erläuterten Sinne.

Wir sind nunmehr in der Lage, auch die eingangs gestellte Frage zu erledigen. Wir entnehmen zwei Proben L_a und L_b aus den nach (79) verteilten sehr vielen Haufen. Nach (80) bilden wir die Wahrscheinlichkeit $w(L_a, M_a)\, dM_a$ bzw. $w(L_b, M_b)\, dM_b$ dafür, daß die Proben L_a bzw. L_b aus den Bereichen M_a, dM_a bzw. M_b, dM_b stammen.

Uns interessieren nun diejenigen Fälle, wo $M_b - M_a$ zwischen D und $D + dD$ liegt. Dazu ist offenbar nötig, daß M_b gerade zwischen $M_a + D$ und $M_a + D + dD$ liegt. Wir erhalten also

$$V'(D)\, dD = dD \int\limits_{-\infty}^{+\infty} w(L_a, M_a) \cdot w(L_b, M_a + D)\, dM_a;$$

also nach (43)

$$V'(D)\, dD = \frac{\int\limits_{-\infty}^{+\infty} \omega(M_a)\, \varphi(L_a - M_a)\, \omega(M_a + D)\, \varphi(L_b - (M_a + D))\, dM_a}{\int\limits_{-\infty}^{+\infty} \omega(M_a)\, \varphi(L_a - M_a)\, dM_a \int\limits_{-\infty}^{+\infty} \omega(M_b)\, \varphi(L_b - M_b)\, dM_b}\, dD. \tag{81}$$

Solange nun über die a priori-Wahrscheinlichkeit $\omega(M)$ nichts bekannt ist, ist eine weitere Reduktion dieses Ausdruckes kaum möglich. Nehmen wir jedoch an, daß **von vornherein jeder M-Wert gleiche Wahrscheinlichkeit besitzt**, so heißt das $\omega = \mathrm{const}$. Wie ein Blick auf Gleichung (81) lehrt, braucht sich die Annahme über den Wert von ω nur auf solche M-Werte zu erstrecken, für welche die Wahrscheinlichkeiten $\varphi(L-M)$ merklich von Null verschieden sind. Nur innerhalb dieses Bereiches braucht also speziell die gleiche a priori-Wahrscheinlichkeit zu gelten.

In diesem Falle wird einfach

$$V'(D) = \int_{-\infty}^{+\infty} \varphi(L_a - M_a)\,\varphi(L_b - (M_a + D))\,dM_a\,.$$

Wenn wir an Stelle von M_a jetzt $L_a - M_a = x$ als Integrationsvariable einführen und den gefundenen Unterschied mit δ bezeichnen:

$$L_b - L_a = \delta\,,$$

also

$$L_b - (M_a + D) = L_b - L_a + L_a - M_a - D = x - (D - \delta),$$

so wird

$$V'(D, \delta) = \int_{-\infty}^{+\infty} \varphi(x)\,\varphi(x - (D - \delta))\,dx\,. \qquad (82)$$

Die erhaltene Funktion ist identisch mit der in Formel (76) gegebenen Funktion $V(D, \delta)$; diese Funktion $V(D, \delta) = V'(D, \delta)$ hat demnach die doppelte Eigenschaft:

1. $V(D, \delta)\,d\delta$ ist die Wahrscheinlichkeit dafür, daß bei vorgegebenem Unterschied D der Mittelwerte an zwei herausgegriffenen Elementen ein Unterschied zwischen δ und $\delta + d\delta$ angetroffen wird.

2. $V(D, \delta)\,dD$ ist die Wahrscheinlichkeit, daß bei vorgegebenem Unterschied δ zweier herausgegriffener Elemente ein Unterschied der Mittelwerte zwischen D und $D + dD$ besteht.

Im Falle die Kollektive A und B nach einer Gaußschen Kurve verteilt sind, hat infolgedessen auch für die zweite Fragestellung die Wahrscheinlichkeitsfunktion die in Formel (78) oder (78a) angegebene Form.

3. Wahrscheinlichkeit positiver Unterschiede.

Eine wichtige Spezialisierung dieser Formeln tritt auf, wenn es nur auf das Vorzeichen von D bzw. δ ankommt, d. h. wenn die Fragen lauten:

1. Wie groß ist die Wahrscheinlichkeit $U(D)$, daß bei vorgegebenem positiven D die Differenz zweier herausgegriffener Elemente ebenfalls positiv ausfällt?

2. Wie groß ist die Wahrscheinlichkeit $U'(\delta)$, daß bei positivem Unterschied δ zweier herausgegriffener Elemente ein ebenfalls positiver Unterschied der Mittelwerte besteht?

Beide Wahrscheinlichkeiten erhält man durch Integration über $V(D, \delta)$, im 1. Fall nach δ von 0 bis ∞, im letzten nach D zwischen denselben Grenzen

$$U(D) = \int_0^\infty V(D, \delta)\, d\delta$$

$$U'(\delta) = \int_0^\infty V(D, \delta)\, dD.$$

Sind die Kollektive A und B nach einer Gaußschen Kurve verteilt, so ist $V(D, \delta)$, wie aus (78) hervorgeht, symmetrisch in D und δ. Daher ergibt die Integration beidemal dieselbe Funktion, nur durch das Argument unterschieden, und zwar ist diese Funktion, da $V(D, \delta)$ selbst die Form einer Gaußschen Kurve hat, mit dem bereits mehrfach benutzten Gaußschen Fehlerintegral auf einfache Weise verbunden. Wir haben

$$U(D) = \frac{1}{s\sqrt{2\pi}} \int_0^\infty e^{-\frac{(D-\delta)^2}{2s^2}}\, d\delta = \frac{1}{\sqrt{\pi}} \int_{-\frac{D}{\sqrt{2}\,s}}^\infty e^{-x^2}\, dx = \frac{1}{2}\left[1 + \Phi\left(\frac{D}{\sqrt{2}\,s}\right)\right] \tag{83}$$

und entsprechend

$$U'(\delta) = \frac{1}{2}\left[1 + \Phi\left(\frac{\delta}{\sqrt{2}\,s}\right)\right].$$

Zur Ermittlung der Werte in einzelnen Fällen kann die Tabelle S. 118 benutzt werden, die zu den Werten $\frac{\delta}{s}$ das entsprechende $\Phi\left(\frac{\delta}{\sqrt{2}\,s}\right)$ liefert. Zu beachten ist, daß s hier die Größe $\sqrt{s_a^2 + s_b^2}$ bedeutet. Handelt es sich um 2 Kollektive der gleichen Streuung s_1, so ist also zur Ermittlung von U die Streuung $s = \sqrt{2}\,s_1$ zu nehmen. Ferner kann auch die graphische Darstellung Abb. 14, S. 51 benutzt werden, die allerdings nur runde Werte von Φ abzulesen erlaubt. Auf der Horizontalen wird der Unterschied δ bzw. D in irgendeiner Einheit, auf der senkrechten Hilfsskala die Streuung $s = \sqrt{s_a^2 + s_b^2}$ in derselben

Einheit aufgesucht. Der Schnittpunkt der zugehörigen Achsen-parallelen läßt auf der hindurchgehenden schrägen Linie den Wert Φ in % ablesen; liegt der Schnittpunkt zwischen zwei schrägen Linien, so wird interpoliert.

IV. Verteilung der Serienmittel bei beliebig verteilten Kollektivgegenständen.

Der Anwendungsbereich der in den beiden vorigen Kapiteln entwickelten Formeln erweitert sich bedeutend, wenn man beachtet, daß man aus jedem Kollektivgegenstand beliebiger Verteilung solche ableiten kann, die sich mit wachsender Genauigkeit der Gaußschen Kurve anpassen. Dies ist möglich, wenn man statt der einzelnen Elemente selbst Mittelwerte aus Serien von mehreren Elementen betrachtet, und zwar kann die Genauigkeit unbegrenzt gesteigert werden durch Vergrößerung der Zahl der zu einem Mittel vereinigten Elemente. Dies Gesetz wird in den Lehrbüchern der Wahrscheinlichkeitstheorie ausführlich bewiesen; es wurde bereits von Gauß selbst zur Begründung der nach ihm benannten Verteilung angeführt. Wir wollen es hier daher als richtig annehmen, und uns nur eine Vorstellung davon verschaffen, wie rasch etwa die Annäherung an die Gaußsche Verteilung vor sich geht.

1. Erstes Beispiel:

Wir wählen dazu als Beispiel eine Verteilung, die sich von der Gaußschen auf denkbar stärkste Weise unterscheidet. Die N Elemente des Kollektivs sollen aus N_a Werten der gleichen Größe L_a und N_b Werten der davon verschiedenen Größe L_b bestehen, wobei natürlich $N_a + N_b = N$ ist. Mit den Abkürzungen $\frac{N_a}{N} = \alpha$, $\frac{N_b}{N} = \beta$, $\alpha + \beta = 1$ haben wir für die Mittelwerte

$$M = \overline{L} = \alpha L_a + \beta L_b \quad \text{und} \quad \overline{L^2} = \alpha L_a{}^2 + \beta L_b{}^2 \qquad (84)$$

und daraus die Streuung

$$s^2 = \overline{L^2} - M^2 = L_a{}^2 \alpha (1 - \alpha) + L_b{}^2 \beta (1 - \beta) - 2 \alpha \beta L_a L_b = \alpha \beta (L_a - L_b)^2 . \qquad (85)$$

Wäre z. B. $\frac{N_a}{N} = \alpha = \frac{1}{3}$; $\frac{N_b}{N} = \beta = \frac{2}{3}$; $L_a = 1000$; $L_b = 2000$, so hätte man

$$M = \frac{1}{3} \cdot 1000 + \frac{2}{3} \cdot 2000 = 1667;$$

und

$$s^2 = \frac{1}{3} \cdot \frac{2}{3} \cdot 1000^2 \quad \text{oder} \quad s = 471.$$

Die Behauptung des Satzes geht nun dahin, daß das Mittel X_ν von n aus dem Kollektiv ausgewählten Elementen nach einer Kurve streut, die mit wachsendem n immer besser durch die Gaußsche Gleichung

$$W(X_n) = \frac{\sqrt{n}}{s \sqrt{2\pi}}\, e^{-\frac{(X_\nu - M)^2 n}{2 s^2}} \tag{86}$$

dargestellt wird, wo M und s^2 durch (84) und (85) gegeben sind.

Überzeugen wir uns nun von der Richtigkeit des Satzes an dieser speziellen Verteilung. Der diskontinuierliche Charakter derselben hat zur Folge, daß eine Serie von n Elementen nur $n+1$ diskrete verschiedene Mittelwerte X_ν ergeben kann, nämlich die Werte

$$X_\nu = L_a + \frac{\nu}{n}(L_b - L_a); \qquad \nu = 0, 1, 2 \ldots n \tag{87}$$

je nachdem, ob unter den n Elementen keine oder eines oder zwei $\ldots$ usw. aus dem Haufen b stammen. Da $\alpha = \frac{N_a}{N}$ und $\beta = \frac{N_b}{N}$ die Wahrscheinlichkeiten sind, beim Herausgreifen eines Elements eins von der Sorte a bzw. b zu fassen, so ist die Wahrscheinlichkeit $W_n(\nu)$ dafür, daß man beim Herausgreifen von n Elementen gerade $n-\nu$ aus der Sorte a und ν aus der Sorte b greift, gegeben durch

$$W_n(\nu) = \frac{n!}{\nu!\,(n-\nu)!}\, \alpha^{n-\nu} \beta^\nu. \tag{88}$$

Mit den Werten unseres Beispiels $\alpha = \frac{1}{3}$; $\beta = \frac{2}{3}$ erhält man hieraus die Tabelle 14 für $1000 \cdot W_n(\nu)$.

$W_n(\nu)$ hat sein Maximum für $\frac{\nu}{n} \approx \frac{\beta}{\alpha+\beta} = \frac{2}{3}$, d. h. für diejenigen ν-Werte, die in der Nähe von $\frac{2}{3}n$ liegen. Die Zahlen der Tabelle geben die in pro mille ausgedrückten Wahrscheinlichkeiten für einen durch (87) gegebenen Wert X_ν an. Um die für $n = 5$ und $n = 10$ erhaltene Zahlenreihe bequem mit der

Tabelle 14.

$n =$	1	2	3	4	5	...	10
0	333	111	37	12,3	4,1		0,017
1	667	444	222	98,7	41,2		0,34
2		444	445	296	164		3,05
3			296	395	329		16,3
4				198	329		57
5					132		136
6							228
7							260
8							195
9							86,6
10							17,3

Gaußschen Formel (86) vergleichen zu können, schreiben wir letztere in der Form

$$\varphi(\mathfrak{z}) = \frac{1}{\sqrt{\pi}}\, e^{-\mathfrak{z}^2}. \tag{89}$$

Nach (86) und (87) bedeutet aber

$$\mathfrak{z} = \frac{\sqrt{n}}{s\sqrt{2}}(X_\nu - M) = \frac{\sqrt{n}}{s\sqrt{2}}\left[L_a + \nu\,\frac{L_b - L_a}{n} - M\right].$$

Der für den Vergleich von (88) und (89) wichtige Zusammenhang zwischen $\mathfrak{z}$ und ν lautet also auch

$$\mathfrak{z}_\nu = \nu\,\frac{L_b - L_a}{s\sqrt{2n}} - \sqrt{\frac{n}{2}}\,\frac{M - L_a}{s}$$

oder mit den Werten (84) und (85) für M und s:

$$\mathfrak{z}_\nu = \nu\,\frac{1}{\sqrt{2\alpha\beta n}} - \sqrt{\frac{\beta n}{2\alpha}}. \tag{90}$$

In unserem Beispiel wird daraus

$$\mathfrak{z} = \nu\,\frac{1,50}{\sqrt{n}} - \sqrt{n} \quad \text{oder} \quad \frac{\nu \cdot 1,5 - n}{\sqrt{n}}.$$

Man erhält so für die Fälle $n = 5$ und $n = 10$ unseres Beispiels die in Tabelle 15 angegebene Zuordnung der $\mathfrak{z}_\nu$ und X_ν zu den möglichen ν-Werten. Um nun die zugehörigen Werte von $W_n(\nu)$ mit der Kurve $\varphi(\mathfrak{z}_\nu)$ vergleichen zu können, hat man noch zu beachten, daß nach (90) zusammengehörige Änderungen von ν und $\mathfrak{z}$ verbunden sind durch

$$\Delta\nu = \Delta\mathfrak{z}\,\sqrt{2\alpha\beta n}.$$

Tabelle 15.

ν	$\mathfrak{z}_\nu$	X_ν	$\dfrac{W_5(\nu)}{0{,}671}$	$\varphi(\mathfrak{z}_\nu)$	ν	$\mathfrak{z}_\nu$	X_ν	$\dfrac{W_{10}(\nu)}{0{,}474}$	$\varphi(\mathfrak{z}_\nu)$
	$n=5$					$n=10$			
	$\mathfrak{z}_\nu = \nu \cdot 0{,}671 - 2{,}236$					$\mathfrak{z}_\nu = \nu \cdot 0{,}474 - 3{,}162$			
	$X_\nu = 1000 + \nu \cdot 200$					$X_\nu = 1000 + \nu \cdot 100$			
0	$-2{,}24$	1000	0,006	0,004	0	$-3{,}16$	1000	0,0000	0,0000
					1	$-2{,}69$	1100	0,0006	0,0004
1	$-1{,}57$	1200	0,061	0,050	2	$-2{,}22$	1200	0,006	0,004
					3	$-1{,}74$	1300	0,034	0,027
2	$-0{,}90$	1400	0,245	0,251	4	$-1{,}26$	1400	0,120	0,115
					5	$-0{,}79$	1500	0,287	0,302
3	$-0{,}22$	1600	0,490	0,538	6	$-0{,}32$	1600	0,481	0,509
					7	$+0{,}16$	1700	0,549	0,550
4	$+0{,}45$	1800	0,490	0,461	8	$+0{,}63$	1800	0,411	0,379
					9	$+1{,}11$	1900	0,183	0,165
5	$+1{,}12$	2000	0,197	0,161	10	$+1{,}58$	2000	0,037	0,047

Deshalb ist die Kurve $\varphi(\mathfrak{z})$ nicht direkt zu vergleichen mit den $W_n(x)$, sondern mit den ihnen proportionalen Werten $W_n(\nu) \cdot \sqrt{2\,\alpha\,\beta\,n}$. Das sind die in den nächsten Spalten der beiden Tabellen angegebenen Zahlen, welche mit den daneben angegebenen Werten $\varphi(\mathfrak{z})$ zu vergleichen sind. Sie sind in der Abb. 23 an den zugehörigen Stellen der X_ν-Achse in die Abbildung eingetragen worden. Wie man sieht, fallen bereits für $n=5$ und noch besser für $n=10$ die

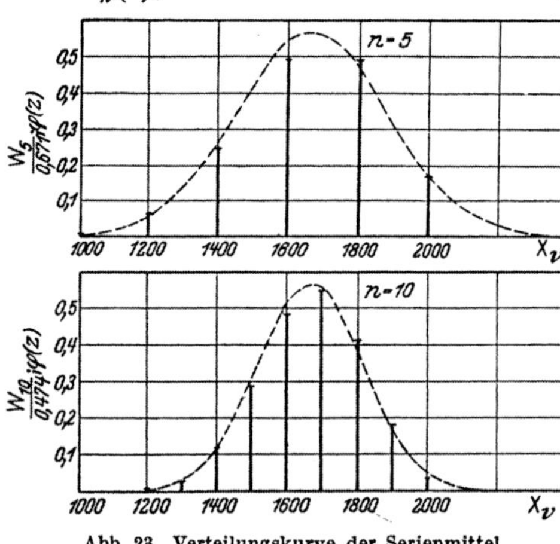

Abb. 23. Verteilungskurve der Serienmittel, erstes Beispiel.

diskreten W-Werte mit brauchbarer Näherung auf die vorher gezeichnete Gaußsche Kurve.

2. Behandlung mittels Poincarés charakteristischer Funktion.

Während wir in dem Fall der diskreten Verteilung die Angleichung der Serienmittel an die Gaußsche Verteilung ganz unmittelbar zeigen konnten, erweist sich in allgemeineren Fällen für diesen Zweck die Einführung der „charakteristischen Funktion" nach Poincaré als zweckmäßig, besonders dann, wenn die ursprüngliche Verteilung sich als eine Überlagerung von mehreren Gaußschen Funktionen darstellen läßt.

Unter der zu einer beliebigen Verteilung $\psi(x)\,dx$ gehörigen charakteristischen Funktion $f(\gamma)$ verstehen wir den Mittelwert von $e^{\gamma x}$, d. h. also

$$f(\gamma) = \int\limits_{-\infty}^{+\infty} e^{\gamma x}\,\psi(x)\,dx. \tag{91}$$

Ist speziell $\psi(x)$ eine Gaußsche Funktion mit dem Mittelwert M und der Streuung s, also

$$\psi(x) = \frac{1}{s\sqrt{2\pi}}\, e^{-\frac{(M-x)^2}{2s^2}}, \tag{92}$$

so wird

$$f(\gamma) = \frac{1}{s\sqrt{2\pi}} \int\limits_{-\infty}^{+\infty} e^{\gamma x - \frac{(M-x)^2}{2s^2}}\,dx.$$

Unter Einführung von $x - (M + s^2\gamma)$ als Integrationsvariable ergibt die Auswertung des Integrals

$$f(\gamma) = e^{M\gamma + \frac{s^2}{2}\gamma^2}. \tag{93}$$

Die Zuordnung von $f(\gamma)$ in Gl. (93) zu $\psi(x)$ in Gl. (92) ist umkehrbar, so daß wir als ersten Satz haben:

I. Wenn die charakteristische Funktion $f(\gamma)$ einer Verteilung lautet: $f(\gamma) = e^{A\gamma + B\gamma^2}$, so ist die Verteilung selbst eine Gaußsche mit dem Mittelwert $M = A$ und der Streuung $s^2 = 2B$.

Die Bedeutung der eingeführten Funktion für unser Problem beruht nun darauf, daß wir die charakteristische Funktion $F_n(\gamma)$ für die Verteilung der Serienmittel zu je n Exemplaren sofort hinschreiben können, wenn die ursprüngliche Verteilung $\psi(x)$

und damit ihre charakteristische Funktion $f(\gamma)$ bekannt ist. Es gilt nämlich der folgende Satz:

     II. Ist $f(\gamma)$ die zu einer beliebigen Verteilung $\psi(x)$ gehörige charakteristische Funktion, so ist die charakteristische Funktion $F_n(\gamma)$ für die Verteilung $\Psi(X_n)$ aller Serienmittel $X_n = \dfrac{1}{n}(x_1 + x_2 + \cdots + x_n)$, die man aus $\psi(x)$ bilden kann, gegeben durch

$$F_n(\gamma) = \left[f\left(\frac{\gamma}{n}\right) \right]^n. \tag{94}$$

Zum Beweise haben wir zunächst die Verteilung $\Psi(X_n)$ anzugeben. Offenbar ist

$$\Psi(X_n)\, dX_n = \int \cdots \int_B \psi(x_1)\, \psi(x_2) \cdots \psi(x_n)\, dx_1\, dx_2 \ldots dx_n ,$$

wo der Bereich B des n-dimensionalen Integrationsraumes der $x_1, x_2, \ldots, x_n$ gegeben ist durch die Bedingung, daß

$$X_n \leq \frac{x_1 + x_2 + \cdots + x_n}{n} \leq X_n + dX_n .$$

Mithin lautet die gesuchte Funktion

$$F_n(\gamma) = \int_{-\infty}^{+\infty} e^{\gamma X_n} \Psi(X_n)\, dX_n = \int_{X_n} e^{\gamma X_n} \int \cdots \int_B \psi(x_1) \cdots \psi(x_n)\, dx_1 \ldots dx_n .$$

Das ist aber gleichbedeutend mit dem über den ganzen $x_1 \ldots x_n$-Raum erstreckten Integral:

$$F_n(\gamma) = \int_{-\infty}^{+\infty} \cdots \int e^{\gamma X_n} \psi(x_1) \cdots \psi(x_n)\, dx_1 \ldots dx_n .$$

Setzt man hier für X_n seinen Wert ein, so zerfällt dieses Integral in ein Produkt von n gleichen Teilintegralen

$$\int_{-\infty}^{+\infty} e^{\frac{\gamma}{n} x_1} \psi(x_1)\, dx_1 \cdot \int_{-\infty}^{+\infty} e^{\frac{\gamma}{n} x_2} \psi(x_2)\, dx_2 \ldots = \left[f\left(\frac{\gamma}{n}\right) \right]^n .$$

Denn jedes einzelne Teilintegral ist laut Definition gleich $f\left(\dfrac{\gamma}{n}\right)$, wenn $f(\gamma)$ die zu $\psi(x)$ gehörige charakteristische Funktion bedeutet. Der Satz (94) ist damit bewiesen.

3. Zweites Beispiel.

Zur Illustration der Brauchbarkeit dieses Satzes behandeln wir als Beispiel den Fall, daß die ursprüngliche Verteilung sich als Superposition von zwei Gaußschen Verteilungen beschreiben läßt. Die Menge möge also zum Bruchteil α aus Elementen mit dem Mittelwert M_a und der Streuung s_a bestehen und zum Bruchteil β aus Elementen mit dem Mittelwert M_b und der Streuung s_b. Es sei also

$$\psi(x) = \alpha \frac{1}{s_a \sqrt{2\pi}} e^{-\frac{(M_a - x)}{2 s_a^2}} + \beta \frac{1}{s_b \sqrt{2\pi}} e^{-\frac{(M_b - x)}{2 s_b^2}}. \qquad (95)$$

Dabei ist natürlich $\alpha + \beta = 1$. Für den Mittelwert M und die Streuung s der Menge (95) findet man:

$$M = \alpha M_a + \beta M_b; \qquad s^2 = \alpha s_a^2 + \beta s_b^2 + \alpha\beta (M_b - M_a)^2.$$

Die oben S. 109 ff. behandelte Verteilung ist als Spezialfall $s_a = s_b = 0$ in (95) enthalten.

Nach (93) lautet die zugehörige charakteristische Funktion

$$f(\gamma) = \alpha\, e^{M_a \gamma + \frac{s_a^2}{2} \gamma^2} + \beta\, e^{M_b \gamma + \frac{s_b^2}{2} \gamma^2}.$$

Nach (94) lautet dann die charakteristische Funktion für Serienmittel zu je n Lampen:

$$F_n(\gamma) = \left[f\left(\frac{\gamma}{n}\right)\right]^n = \left(\alpha\, e^{\frac{M_a}{n}\gamma + \frac{s_a^2}{2 n^2}\gamma^2} + \beta\, e^{\frac{M_b}{n}\gamma + \frac{s_b^2}{2 n^2}\gamma^2}\right)^n. \qquad (96)$$

Bei der binomischen Entwicklung erhalten wir also für $F_n(\gamma)$ eine Summe von $n + 1$ Gliedern, von denen jedes die Form hat

$$\binom{n}{\nu} \alpha^{n-\nu} \beta^\nu\, e^{\gamma\left\{M_a \frac{n-\nu}{n} + M_b \frac{\nu}{n}\right\} + \gamma^2 \frac{1}{2n}\left\{s_a^2 \frac{n-\nu}{n} + s_b^2 \frac{\nu}{n}\right\}}. \qquad (97)$$

Wir erhalten alle $n + 1$ Summanden von $F_n(\gamma)$, wenn wir ν der Reihe nach die Zahlen $0, 1, 2, \ldots, n$ durchlaufen lassen.

Mit Hilfe des Satzes I können wir danach die Verteilung $\Psi(X_n)$ völlig exakt angeben: $\Psi(X_n)$ ist eine Überlagerung von $n + 1$ Gaußschen Kurven, deren (prozentische) Beteiligung an der Gesamtmenge der Reihe nach gegeben ist durch

$$\alpha^n \ldots \binom{n}{1} \alpha^{n-1}\beta \ldots \binom{n}{\nu} \alpha^{n-\nu}\beta^\nu \ldots \beta^n. \qquad (98a)$$

Die zugehörigen Mittelwerte sind

$$M_a, \quad M_a + \frac{1}{n}(M_b - M_a) \ldots M_a + \frac{\nu}{n}(M_b - M_a) \ldots M_b \qquad (98\,\mathrm{b})$$

und die zugehörigen Streuungen

$$\frac{1}{n} s_a{}^2,$$

$$\frac{1}{n}\left[s_a{}^2 + \frac{1}{n}(s_b{}^2 - s_a{}^2)\right] \ldots \frac{1}{n}\left[s_a{}^2 + \frac{\nu}{n}(s_b{}^2 - s_a{}^2)\right] \ldots \frac{1}{n} s_b{}^2. \qquad (98\,\mathrm{c})$$

Wie wir bereits im vorigen Beispiel gesehen haben, hat die Reihe (98 a) für nicht zu kleine n ein sehr ausgeprägtes Maximum in der Umgebung von $\frac{\nu}{n} = \frac{\beta}{\alpha + \beta} = \beta$. Alsdann werden sich von den $n+1$ Gaußschen Komponenten von $\Psi(X_n)$ nur diejenigen bemerkbar machen, für welche ebenfalls $\frac{\nu}{n} \approx \beta$; d. h. aber nach (98 b) und (98 c), daß für diese Komponenten

die Mittelwerte in der Nähe von $\alpha M_a + \beta M_b$

und   „ Streuungen „   „   „   „ $\frac{1}{n}\left[\alpha s_a{}^2 + \beta s_b{}^2\right]$

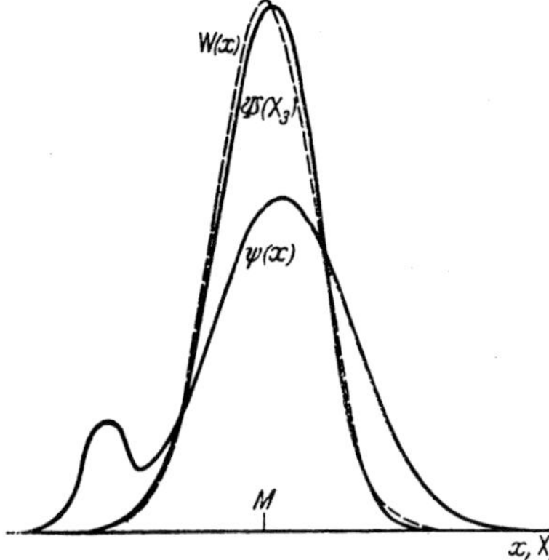

Abb. 24. Verteilungskurve der Serienmittel, zweites Beispiel.

liegen. Mit unendlich wachsendem n strebt nun, wie wir wissen, $\Psi(X_n)$ einer rein Gaußschen Verteilung mit dem Mittel $\alpha M_a + \beta M_b$ und der Streuung

$$\frac{1}{n}(\alpha s_a{}^2 + \beta s_b{}^2) + \frac{\alpha \beta}{n}(M_b - M_a)^2$$

zu. Für kleinere n ($=3$ oder 5 oder 10) läßt sich $\Psi(X_n)$ nach (98) ohne weiteres zahlenmäßig und zeichnerisch darstellen und so die erreichte Annäherung an die rein Gaußsche Idealkurve in jedem Einzelfall praktisch kontrollieren.

Es ist in der Tat bemerkenswert, mit wie geringer Mühe man hier auf dem Umweg über die charakteristische Funktion zu der detaillierten Beschreibung (98) der zu (95) gehörigen Serienverteilung gelangt.

Abb. 24 stellt ein auf diesem Wege berechnetes Beispiel dar, bei dem als ursprüngliche Verteilung $\psi(x)$ eine Annäherung an die S. 29 ff. beschriebenen Verteilungskurven von Glühlampen gewählt wurde (die Unsymmetrie noch stark übertrieben); bereits die Mittel von je drei Elementen ergeben eine fast symmetrische Kurve $\Psi(X_3)$; zum Vergleich ist die Gaußsche Kurve $W(x)$ mit dem Mittelwert M und der Streuung $\frac{s}{\sqrt{3}}$ gestrichelt hinzugezeichnet, wo M und s Mittelwert und Streuung der ursprünglichen nicht-Gaußschen Verteilung bedeuten. Vereinigt man jeweils noch mehr als 3, etwa 5 oder 10 Elemente zu einem Mittel, so wird die Anpassung an die entsprechende Gaußsche Kurve der Streuung $\frac{s}{\sqrt{5}}$ bzw. $\frac{s}{\sqrt{10}}$ noch enger sein.

Anhang.

$$\text{Tabelle für } \Phi\left(\frac{b}{\sqrt{2}\,s}\right) = \frac{2}{\sqrt{\pi}}\int_{0}^{\frac{b}{\sqrt{2}\,s}} e^{-x^2}\,dx.$$

Die Eingangsspalte links enthält die ersten beiden Ziffern von $\frac{b}{s}$, der Kopf der Tabelle die dritte Ziffer (zweite Stelle nach dem Komma). Die Tabelle gibt die ersten 4 Stellen nach dem Komma für Φ. Vor dem Komma steht 0.

$\dfrac{b}{s}$	0	1	2	3	4	5	6	7	8	9
0,0	0,0000	0,0080	0,0160	0,0240	0,0320	0,0398	0,0478	0,0558	0,0638	0,0718
0,1	0786	0876	0956	1034	1114	1192	1278	1350	1428	1506
0,2	1586	1664	1742	1818	1896	1974	2052	2328	2206	2282
0,3	2358	2434	2510	2586	2662	2736	2812	2836	2960	3034
0,4	3108	3182	3256	3328	3400	3472	3544	3616	3688	3758
0,5	3830	3900	3970	4038	4108	4176	4246	4314	4380	4448
0,6	4514	4582	4648	4714	4778	4844	4908	4472	5034	5098
0,7	5160	5222	5284	5346	5408	5468	5528	5588	5646	5704
0,8	5762	5820	5878	5934	5910	6046	6102	6156	6212	6266
0,9	6318	6372	6424	6476	6528	6578	6630	6680	6730	6778
1,0	6826	6876	6922	6970	7016	7062	7108	7154	7198	7242
1,1	7286	7330	7372	7416	7458	7498	7540	7580	7620	7660
1,2	7698	7738	7776	7814	7850	7888	7924	7960	7994	8030
1,3	8064	8098	8132	8164	8198	8330	8262	8294	8324	8364
1,4	8384	8414	8444	8472	8502	8530	8558	8584	8612	8638
1,5	8664	8690	8714	8740	8764	8788	8812	8836	8856	8882
1,6	8904	8926	8948	8968	8990	9010	9030	9050	9070	9090
1,7	9108	9128	9146	9164	9182	9198	9216	9232	9250	9266
1,8	9282	9298	9312	9328	9342	9356	9372	9386	9398	9412
1,9	9426	9438	9452	9464	9476	9438	9500	9512	9522	9534
2,0	9544	9556	9566	9576	9586	9596	9606	9616	9624	9634
2,1	9642	9652	9660	9668	9676	9684	9692	9700	9708	9714
2,2	9722	9728	9736	9742	9750	9756	9762	9768	9774	9780
2,3	9786	9792	9796	9802	9808	9812	9818	9822	9826	9832
2,4	9836	9840	9844	9850	9854	9858	9862	9864	9868	9872
2,5	9876	9880	9882	9886	9890	9892	9896	9898	9902	9904
2,6	9906	9910	9912	9914	9913	9920	9922	9924	9926	9928
2,7	9930	9932	9934	9936	9938	9940	9942	9941	9946	9948
2,8	9949	9950	9952	9954	9955	9956	9957	9958	9960	9962
2,9	9963	9964	9965	9966	9967	9968	9969	9970	9971	9972
3,0	9973	9974	9975	9976	9977	9978	9978	9979	9980	9980
3,1	9981	9982	9982	9983	9983	9984	9984	9984	9985	9985
3,2	9986	9986	9987	9987	9988	9988	9989	9989	9990	9990
3,3	9990	9991	9991	9991	9992	9992	9992	9993	9993	9993
3,4	9993	3994	9994	9994	9994	9994	9995	9995	9995	9995

Literaturverzeichnis.

Czuber, E.: Theorie der Beobachtungsfehler. Leipzig 1891.

Czuber, E.: Die statistischen Forschungsmethoden. Wien 1921.

Czuber, E.: Wahrscheinlichkeitsrechnung. Leipzig 1924.

Helmert, F. R.: Die Ausgleichungsrechnung nach der Methode der kleinsten Quadrate. Leipzig 1907.

Laplace, P.: Essai philosophique sur les probabilités. (Les maitres de la pensée scientifique, publ. par M. Solovine, Paris 1921).

Poincaré, H.: Calcul des probabilités. 2. Aufl. Paris 1912.

Polya, G.: Wahrscheinlichkeitsrechnung, Fehlerrechnung, Statistik. Abderhaldens Handbuch der biologischen Arbeitsmethoden V, Teil 2 Heft 7.

Riebesell, P.: Biometrik und Variationsstatistik. Abderhaldens Handbuch der biologischen Arbeitsmethoden V, Teil 2, Heft 7.

Altschul, E.: Studie über die Methode der Stichprobenerhebung. Archiv für Rassen- und Gesellschaftsbiologie. Heft 1/2, S. 110, 1913.

Daeves, K.: Großzahlforschung. Verlag Stahl-Eisen, Düsseldorf 1924.

Plaut, H.: Über eine neue Methode der Großzahlforschung und ihre Anwendung auf die Betriebskontrolle. Z. techn. Phys. VI, 225. 1925.

Plaut, H.: Wirtschaftliche Betriebsforschung und -kontrolle auf Grund statistischer Methoden. Maschinenbau, AWF.- u. ADB.-Mitteilungen, Heft 4, S. 200, 1926.

Schimz, K.: Die Versuchsanstalt in der verarbeitenden Industrie. Maschinenbau 6, 189. 1927.

Schulz, E. H.: Über die Organisation der Materialprüfung bei Verbrauchern. Maschinenbau 6, 182. 1927.

Westman, A. E. R.: Statisticial Methods in Keramic Research. Journ. Am. Keramic Soc. 3, 133. 1927.

Arbeiten von Pearson, K. in Phil. Trans. Roy. Soc. und Proc. Roy. Soc. London (1895—1926).

Druck von Oscar Brandstetter in Leipzig.
Manuldruck von F. Ullmann G. m. b. H., Zwickau Sa.

Taschenbuch für den Fabrikbetrieb. Bearbeitet von bewährten Fachleuten. Herausgegeben von Prof. **H. Dubbel,** Ingenieur, Berlin. Mit 933 Textfiguren und 8 Tafeln. VII, 833 Seiten. 1923.
Gebunden RM 12.—

Industriebetriebslehre. Die wirtschaftlich-technische Organisation des Industriebetriebes mit besonderer Berücksichtigung der Maschinenindustrie. Von Prof. Dr.-Ing. **E. Heidebroek,** Darmstadt. Mit 91 Textabbildungen und 3 Tafeln. VI, 285 Seiten. 1923. Gebunden RM 17.50

Fabrikorganisation, Fabrikbuchführung und Selbstkostenberechnung der Ludw. Loewe & Co. A.-G., Berlin. Mit Genehmigung der Direktion zusammengestellt von **J. Lilienthal.** Dritte, von **Wilhelm Müller** revidierte und ergänzte Auflage. Mit einem Geleitwort von Prof. Dr.-Ing. **G. Schlesinger,** Berlin. Mit 133 Formularen. X, 200 Seiten. 1925. Gebunden RM 18.—

Grundlagen der Fabrikorganisation. Von Prof. Dr.-Ing. **Ewald Sachsenberg,** Dresden. Dritte, verbesserte und erweiterte Auflage. Mit 66 Textabbildungen. VIII, 162 Seiten. 1922. Gebunden RM 8.—

H. L. Gantt, Organisation der Arbeit. Gedanken eines amerikanischen Ingenieurs über die wirtschaftlichen Folgen des Weltkrieges. Deutsch von Dipl.-Ing. **Friedrich Meyenberg.** Mit 9 Textabbildungen. VIII, 82 Seiten. 1922. RM 2.50

Die Selbstkostenberechnung im Fabrikbetriebe. Eine auf praktischen Erfahrungen beruhende Anleitung, die Selbstkosten in Fabrikbetrieben auf buchhalterischer Grundlage zutreffend zu ermitteln. Von **O. Laschinski.** Dritte, vollständig umgearbeitete Auflage. V, 138 Seiten. 1923. RM 3.50; gebunden RM 4.50

Das Problem der Industriearbeit. Mechanisierte Industriearbeit, muß sie im Gegensatz zu freier Arbeit Mensch und Kultur gefährden? Von **Hugo Borst,** Kaufmännischer Leiter der Robert Bosch A.-G.
Die Erziehung der Arbeit. Von Dr. **W. Hellpach,** Staatspräsident und Professor, Karlsruhe.
Zwei Vorträge, gehalten auf der Sommertagung 1924 des Deutschen Werkbundes. V, 70 Seiten. 1925. RM 2.—

Licht und Arbeit. Betrachtungen über Qualität und Quantität des Lichtes und seinen Einfluß auf wirkungsvolles Sehen und rationelle Arbeit von **M. Luckiesh,** Direktor des Forschungslaboratoriums für Beleuchtung der National Lamp Works der General Electric-Co. Deutsche Bearbeitung von Ing. **Rudolf Lellek,** Witkowitz, C.S.R. Mit 65 Abbildungen im Text und auf zwei Tafeln sowie einer Farbmustertafel. X, 212 Seiten. 1926. Gebunden RM 15.—

Organisation und Leitung technischer Betriebe. Allgemeine und spezielle Vorschläge. Von Ingenieur **Fritz Karsten,** Betriebsleiter. Mit 55 Formularen. VI, 163 Seiten. 1924. RM 4.20

Warum arbeitet die Fabrik mit Verlust? Eine wissenschaftliche Untersuchung von Krebsschäden in der Fabrikleitung. Von **William Kent.** Mit einer Einleitung von **Henry L. Gantt.** Deutsche Bearbeitung von **Karl Italiener.** Zweite, durchgesehene Auflage. IV, 96 Seiten. 1925. RM 2.60

Revision und Reorganisation industrieller Betriebe. Von Dr. **Felix Moral,** Zivil-Ingenieur und beeidigter Sachverständiger. Zweite, verbesserte und vermehrte Auflage. IX, 138 Seiten. 1924. RM 3.60; gebunden RM 4.50

Die Taxation maschineller Anlagen. Von Dr. **Felix Moral,** Zivilingenieur und beeidigter Sachverständiger. Dritte, neubearbeitete und vermehrte Auflage. IV, 89 Seiten. 1922. RM 3.80; gebunden RM 5.—

Die Abschätzung des Wertes industrieller Unternehmungen. Von Dr. **Felix Moral,** Zivilingenieur und beeidigter Sachverständiger. Zweite, verbesserte und vermehrte Auflage. VIII, 160 Seiten. 1923. RM 4.—; gebunden RM 5.—

Ausgewählte Arbeiten des Lehrstuhles für Betriebswissenschaften in Dresden. Herausgegeben von Prof. Dr.-Ing. E. Sachsenberg.
Erster Band: Prof. Dr. E. Sachsenberg, Neuere Versuche auf arbeitstechnischem Gebiet. Dr. W. Fehse, Grenzen der Wirtschaftlichkeit bei der Vorkalkulation im Maschinenbau. Dr. K. H. Schmidt, Organisation und Grenzen der Arbeitszerlegung im fließenden Zusammenbau. Mit 58 Abbildungen im Text. VI, 180 Seiten. 1924. RM 7.50; gebunden RM 9.—
Zweiter Band: Dr.-Ing. H. Brasch, Die Bearbeitungsvorrichtungen für die spanabhebende Metallfertigung (eine Systematik des Vorrichtungswesens). Dr.-Ing. G. Oehler, Beiträge zur Wirtschaftlichkeit im Vorrichtungsbau unter besonderer Berücksichtigung der Herstellungsmenge und Art der Vorrichtung selbst. Prof. Dr.-Ing. E. Sachsenberg, Versuche über die Wirksamkeit und Konstruktion von Räumnadeln. Mit 248 Abbildungen im Text. VI, 184 Seiten. 1926. RM 14.40; gebunden RM 15.60
Dritter Band: Prof. Dr.-Ing. E. Sachsenberg, Neuere Versuche auf arbeitstechnischem Gebiet (zweiter Teil). Dr.-Ing E. Möhler, Beurteilung der Tagesbeleuchtung in Werkstätten vom Standpunkt des Betriebsingenieurs aus. Dr.-Ing. M. Meyer, Untersuchungen über die den Zerspanungsvorgang mittels Holzkreissägen beeinflussenden Faktoren. Mit 76 Abbildungen im Text und auf 2 Tafeln. VI, 118 Seiten. 1926. RM 9.60; gebunden RM 10.80